# 国内外饲料成分及营养价值史料汇编

# Compilation of Chemical Composition and Nutritional Values of Feedstuffs

（谷实类·玉米卷）

李德发　主编

中国农业大学出版社
·北京·

## 内 容 简 介

本书搜集了一个世纪以来国内外32种涉及饲料原料营养成分与价值的文献资料，按资料的国别和年代顺序，将其中有关玉米的各项指标参数进行罗列，并附页码出处，便于读者查阅原文。另外，前附中英文词汇对照及说明表，后附资料指标和对应页码索引表，以便于读者查阅。

**图书在版编目(CIP)数据**

国内外饲料成分及营养价值史料汇编(谷实类·玉米卷)/李德发主编. —北京：中国农业大学出版社，2016.6

ISBN 978-7-5655-1591-0

Ⅰ.①国… Ⅱ.①李… Ⅲ.①玉米-饲料营养成分-史料-汇编-世界 Ⅳ.①S816.11-09

中国版本图书馆CIP数据核字(2016)第116254号

**书　名** 国内外饲料成分及营养价值史料汇编(谷实类·玉米卷)
**作　者** 李德发　主编

**策划编辑** 梁爱荣　　**责任编辑** 梁爱荣
**封面设计** 郑　川
**出版发行** 中国农业大学出版社
**社　址** 北京市海淀区圆明园西路2号　　**邮政编码** 100193
**电　话** 发行部 010-62818525,8625　　读者服务部 010-62732336
编辑部 010-62732617,2618　　出　版　部 010-62733440
**网　址** http://www.cau.edu.cn/caup　　**E-mail** cbsszs @ cau.edu.cn
**经　销** 新华书店
**印　刷** 涿州市星河印刷有限公司
**版　次** 2016年10月第1版　2016年10月第1次印刷
**规　格** 889×1 194　16开本　8.75印张　250千字　插页1
**定　价** 49.00元

# 编　委　会

特别感谢张子仪先生为本书编写提供指导和重要资料！

# 序

1810年德国科学家 Albrecht Daniel Thaer 提出了朴素的以干草当量为评价饲料营养价值的参考系标样(reference system sample,RSS)概念。两个多世纪以来,又经历了淀粉价—大麦单位—燕麦单位乃至玉米单位等的兴替。在浩如烟海的史料中却失之于采样的随意、命名的失范,特别是对饲料样品实体(feeds sample entity,FSE)属性描述的广义简化,导致了长期以来大量史料杂乱零散,无章可循。在本史料收录的原始资料中同名异物者有之,同物异名者有之,张冠李戴者有之,以讹传讹者亦有之。特别是由于测试手段、立论依据的不同,同名同物异质者有之,同物异名异质者亦有之。这便使大量史料失去了可资参比的史料价值。应该承认,当今在饲料营养方面的史料存在严重的混乱现象,不仅使大量的宝贵史料成为信息垃圾而束之高阁,同时也误导后来人,在养殖业中成为隐性浪费饲料资源的诱因。

毋庸讳言,翻阅我国动物营养与饲料科学史,其特点是先天不足,后天失调。1989年我国已故动物营养科学奠基人许振英教授在《中国动物营养学报》创刊献词中曾经指出了当时的实际情况是"希望和艰难并存,志踌躇而势摇曳,路崎岖而步蹒跚"。经过几代人的前赴后继,目前已从当年的常规化学成分含量向生物学效价评定乃至不同日粮中不同饲料原料的组合效应方向;从常量成分向微量乃至痕量元素的互作颉颃规律方向,乃至向饲养环境、应激与营养、免疫与营养等方面的一系列老大难问题深入与拓宽。基于畜禽养殖技术在生产中的广泛应用,到20世纪末期,全国人均占有肉蛋量增长了6～10倍,全国饲料工业产品总产量则增长了180倍。应该承认,在这一历史时期,我国养殖科学技术对肉、蛋、奶的增产贡献是有目共睹的。但是从20世纪末期开始,虽然肉、蛋、奶仍在持续增长,但由于人口也在持续增长等诸多因素,全国人均占有肉、蛋、奶量却一直停滞不前,面临着从"高原期"向顶峰进军的挑战。

2009年12月科技部、农业部向中国农业大学下达了公益性行业(农业)科研专项"饲料营养价值与畜禽饲养标准研究与应用"(200903006)(以下简称FARA项目)的任务。FARA项目在经过多次全体工作者会议,确定了在"十二五"执行任务中要坚决防止低水平重复浪费。在革新现行饲料营养价值评定及畜禽营养需要量体制方面提出了"三六共识",即第一阶段先厘清家底,加快改变饲料营养与饲料科学供求体制中存在的信源不足、信息更新滞后于生产需求的现状,向以参量实物(parameter object,PO)与参量常数(parametric constant,PC)为科技支撑的参考系标样(reference system sample,RSS)体系方向,向一点带多点、多点带多面的方向不断更新拓宽。在营养需要量方面要从目前多年一贯制、全国一刀切的静态阶梯式营养需要量表达形式向在各自为政、各行其是、各树其标前提下,以动态数学模型为主要表达形式的方向转变。

历史是面镜子,它能真实地反映客观事物的瞬间,但不能反映其成因,也不能反映后果与未来。因此,只有认真"温故"才能达到"知新"的意境。只有用去粗取精、去伪存真的智慧去类比、去鉴别,才能从史料中提炼出前事不忘、后事之师的真谛。

有鉴于此,FARA项目成员历时6年,对1912年以来的国内外11个国家的档案史料及正式出版的资料,按国别、年代等顺序进行了整理。以单个饲料原料为一个单元,各自独成一篇,目的是方便读者去探索，去“淘宝”，可供用户能打造出有创意的N个N型饲料数据库。

第一批史料共8卷。本史料以全、新、稳、准、精为圭臬，是为同领域的科研教学乃至企业提供的素材。工作是枯燥而繁琐的，终结目标任务也是不可能一蹴而就的，这将是一场持久战，但它却是避免低水平重复浪费，避免原地踏步走、裹足不前的一面镜子。限于种种客观原因，挂一漏万，疏忽遗漏之处在所难免。恳请广大用户提出宝贵意见，以便再版时更正和改进。

**张子仪　院士**

2016年3月

# 编写说明

由于本书资料来源于不同年代和不同国家，名词、格式、翻译等均难以完全统一。编者本着尽量统一、规范、精简、精确和有利于读者理解和阅读的原则，列出如下编写说明（书中加入具体注释的除外）：

非特殊说明时，全书饲料原料均为谷实类中的玉米籽粒。

非特殊说明时，全书数据默认为饲喂基础（as-fed basis）。

“烟酸”和“尼克酸”，统一为“烟酸”。

“泛酸”和“遍多酸”，统一为“泛酸”。

原文为空格或“一”时，保留原文状态。

原文为 Vitamin＋字母形式者，表格中仅保留维生素＋字母形式，不再保留英文。

原文为“蛋白”、“CP”或“crude protein”者，统一为“粗蛋白质”；原文仅有“protein”者，未统一翻译为“粗蛋白质”。

原文为“胱氨酸 Cys”者保留，原文为“cystine”，或注明 Cys 为 cystine，或仅为 Cys 者，翻译为“胱氨酸”；“cysteine”，或注明 Cys 为 cysteine 者，翻译为“半胱氨酸”。因胱氨酸（cystine）为半胱氨酸（cysteine）的氧化产物，其相对分子质量并非完全 2 倍关系（胱氨酸相对分子质量 240.3，半胱氨酸相对分子质量 121.15），因此特别标注。

《德国罗斯托克饲料评价体系》中 NFR 因与普通 NFE 计算方法不同，故与 NFE（无氮浸出物）区分，翻译为“无氮残留物”。

原文为“ash”和“灰分”者，统一为“粗灰分”。

“EE（Ether extract）”和“crude fat”，统一翻译为“粗脂肪”。

“AEE（Acid ether extract）”和“CFATh”，统一翻译为“酸乙醚浸出物”。

非原文特殊注明外，“SD”和“Standard deviation”，统一翻译为“标准差”。

原文为中文时，不再翻译为英文；原文为英文、日英、韩英对照时，根据英文翻译成中文，并采用中英文对照。

部分翻译因不确信和水平有限而保留了原文形式（尤其部分日文资料）。

当同一资料页码或各表有相同内容需要注释时，编者在该资料的第一个表，或之后第一次出现的表格中注释，并注明“下同”，其后各表不再赘述。

原文为“$n$”或“$N$”表示样本数时，统一为“$n$”。

部分资料原文采用饲喂基础和干物质基础，在整理过程中某些资料仅保留饲喂基础数值，读者可根据干物质含量折算。

表格内容对应原书页码用“P＋页码数字”表示。

另外需要说明的是，本书仍遗留多处缺憾。如：格式难以完全统一，中英文未全部对照，部分外文翻译仍需推敲，资料背景、检测方法未能更深层注解，有些最新资料未能加入，文字、数字错误难免，编者水平有限，等等。恳请读者谅解，并多提宝贵意见，以期再版时完善。还应当指出，本书所列资料数据随不同年代、原料实体、学术流派、检测技术等因素而变，现实参考价值大小不一，请读者审慎借鉴。

最后，对许多帮助本书出版的各位同仁表示诚挚谢意！

# 中英文词汇对照及说明表

| 缩略语 | 英文名称或释义 | 中文名称或释义 |
| --- | --- | --- |
| a | Immediately degradable fraction (kinetic parameter of nitrogen, starch or dry matter degradation in ruminants) | 快速可降解部分(反刍动物氮、淀粉或干物质降解的动力学参数) |
| AA | Amino acid | 氨基酸 |
| AADI | Amino acid digestible in the intestine (ruminants), in % PDIE | (反刍动物)小肠可消化氨基酸含量 |
| ADAA (AAAA) | Apparent digestible amino acid (Apparent amino acid digestibility) | 表观氨基酸利用(消化)率 |
| ADF | Acid detergent fiber | 酸性洗涤纤维 |
| ADICP | Acid detergent insoluble crude protein (N×6.25) | 酸性洗涤剂不溶粗蛋白质 |
| ADIP | Acid detergent insoluble protein | 酸性洗涤剂不溶蛋白质 |
| ADL | Acid detergent lignin | 酸性洗涤木质素 |
| AEE | Acid ether extract | 酸乙醚浸出物/酸醚提取物 |
| AFZ | French Association for Animal Production | 法国动物生产协会 |
| AID | Apparent ileal digestibility | 回肠表观消化率 |
| AIDC | Apparently digestible amino acid content | 表观可消化氨基酸含量,相当于猪氨基酸回肠表观可消化量 |
| Ala | Alanine | 丙氨酸 |
| AME | Apparent metabolizable energy | 表观代谢能 |
| AMEn | N-corrected apparent metabolizable energy | 氮校正表观代谢能 |
| A-P | Available phosphorus | 有效磷 |
| Arg | Arginine | 精氨酸 |
|  | Ash | 灰分/粗灰分 |
| Asp | Aspartic acid | 天冬氨酸 |
| ATTD | Apparent total tract digestibility | 全肠道表观消化率 |
| b | Potentially degradable fraction (kinetic parameter of nitrogen, starch or dry matter degradation in ruminants) | 不溶性物质潜在可降解部分(反刍动物氮、淀粉或干物质降解的动力学参数) |
| c | Hourly rate of particle degradation (kinetic parameter of nitrogen, starch or dry matter degradation in ruminants) | 不溶性物质降解速率(反刍动物氮、淀粉或干物质降解的动力学参数) |
| Ca | Calcium | 钙 |
|  | Carotene/Carotin | 胡萝卜素 |
| CF | Crude fiber | 粗纤维 |
|  | Choline | 胆碱 |

| 缩略语 | 英文名称或释义 | 中文名称或释义 |
| --- | --- | --- |
| Cl | Chlorine/Chloride | 氯 |
| Co | Cobalt | 钴 |
| CP | Crude protein | 粗蛋白质 |
| Cu | Copper | 铜 |
| CW | Cell walls | 细胞壁 |
| Cys | Cystine/Cysteine | 胱氨酸/半胱氨酸 |
| DCP(dCP) | Digestible crude protein | 可消化粗蛋白质 |
| DDM(dDM) | Digestibility estimate for dry matter | 可降解干物质 |
| DE | Digestible energy | 消化能 |
| DIP | Degraded intake protein | 降解食入蛋白质 |
| DM | Dry matter | 干物质 |
| DMI | Dry matter intake | 干物质采食量 |
| DST(dSt) | Digestibility estimate for starch | 可降解淀粉 |
| eNDF | Effective NDF | 有效中性洗涤纤维 |
| EE | Ether extract | 粗脂肪/乙醚浸出物 |
| EHGE | Enzymic hydrolysate gross energy | 酶水解物总能值 |
| FA | Fatty acids | 脂肪酸 |
|  | Folic acid | 叶酸 |
| Fe | Iron | 铁 |
| GB |  | 国家标准 |
| GB/T |  | 推荐性国家标准 |
| GE | Gross energy | 总能 |
| Glu | Glutamine | 谷氨酸 |
| Gly | Glycine | 甘氨酸 |
| His | Histidine | 组氨酸 |
| I | Iodine | 碘 |
| IFN | International feed number | 国际饲料编号 |
| Ile | Isoleucine | 异亮氨酸 |
|  | in vivo | 体内法 |
| INRA | French National Institute for Agricultural Research | 法国农业科学研究院 |
| IU | International unit | 国际单位 |
| IV | Iodine value | 碘价 |
| IVP | Iodine value product | 碘价物 |
| K | Potassium | 钾 |
| Leu | Leucine | 亮氨酸 |
| Lys | Lysine | 赖氨酸 |

| 缩略语 | 英文名称或释义 | 中文名称或释义 |
| --- | --- | --- |
| M+C | Methionine + Cystine(Cysteine) | 蛋氨酸 +(半)胱氨酸 |
| MADC | 来自法语 Matières azotéesdigestibles cheval 的缩写,英文为 Horse digestible crude protein | 马可消化粗蛋白质 |
| ME | Metabolizable energy | 代谢能 |
| MEn | N-corrected metabolizable energy | 氮校正代谢能 |
| Met | Methionine | 蛋氨酸 |
| Mg | Magnesium | 镁 |
| Mn | Manganese | 锰 |
| Mo | Molybdenum | 钼 |
| MUFA | Monounsaturated fatty acid | 单不饱和脂肪酸 |
| N | Nitrogen | 氮 |
| N-free | Nitrogen free diet | 无氮日粮 |
| Na | Sodium | 钠 |
| n/a,N. A. | Data not available | 数据不可用 |
| NCWFE | Nitrogen cell wall free extracts (non-structural carbohydrates) | 氮细胞壁提取物(非结构性碳水化合物) |
| NDF | Neutral detergent fiber | 中性洗涤纤维 |
| NDICP | Neutral detergent insoluble crude protein (N×6.25) | 中性洗涤剂不溶粗蛋白质 |
| NDIP | Neutral detergent insoluble protein | 中性洗涤剂不溶蛋白质 |
| NE | Net energy | 净能 |
| NEg | Net energy for production of weight gain | 增重净能 |
| NEl | Net energy for lactation | 产奶净能 |
| NEm | Net energy for maintenance | 维持净能 |
| NEp | Net energy for production | 生产净能 |
| NFE | Nitrogen free extract | 无氮浸出物 |
|  | Niacin | 尼克酸、烟酸 |
| NND | 来自中文“奶牛能量单位”拼音 Nai niu neng liang dan wei(拼音)的缩写,对应英文缩写为 DEU(Dairy Energy Unit)) | 奶牛能量单位,相当于 1 kg 含乳脂 4%的标准乳所含产奶净能 3.138 MJ(或 0.75 Mcal) |
| NPN | Non-protein nitrogen | 非蛋白氮 |
| NPP | Non-phytate phosphorus | 非植酸磷(视为有效磷的近似值) |
|  | Nutritive ratio | 营养比,营养率。等于饲料中可消化蛋白质与其他总可消化营养物之比 |
| NRC | National Research Council | 美国国家科学研究委员会 |
| NSId | Standardized ileal digestibility of nitrogen in pigs | 猪回肠氮真消化率 |
| NY/T |  | 农业部行业标准 |
| OM | Organic matter | 有机物质 |

| 缩略语 | 英文名称或释义 | 中文名称或释义 |
| --- | --- | --- |
| P | Phosphorus | 磷 |
| PAF | Processing adjustment factor | 加工校正系数 |
| PDIA | Digestible proteins in the intestine of dietary origin | 在小肠消化的过瘤胃蛋白质 |
| PDIE | Digestible proteins in the intestine where energy is the limiting factor for rumen microbial activity | 能量成为瘤胃微生物活性的限制因素时的小肠可消化蛋白质 |
| PDIN | Digestible proteins in the intestine where nitrogen is the limiting factor for rumen microbial activity | 氮成为瘤胃微生物活性的限制因素时的小肠可消化蛋白质 |
| Phe | Phenylalanine | 苯丙氨酸 |
| Phy-P | Phytate phosphorus | 植酸磷/植酸态磷 |
| PIF | Porcine intestinal fluids | 猪小肠液 |
| PUFA | Polyunsaturated fatty acid | 多不饱和脂肪酸 |
| ppm | parts per million | 百万分之一,相当于 1 mg/kg |
| Pro | Proline | 脯氨酸 |
|  | Protein nitrogen | 蛋白氮/蛋白态氮 |
| RDP | Ruminant digestible protein | 瘤胃降解蛋白质 |
| RUP | Rumen undegradable protein | 过瘤胃蛋白质/瘤胃非降解蛋白质 |
| S | Sulfur | 硫 |
| S-i | Inorganic sulphur | 无机硫 |
| S-o | Organic sulphur | 有机硫 |
| S. e. | Standard error | 标准误差 |
| SFA | Saturated fatty acid | 饱和脂肪酸 |
| SD | Standard deviation | 标准差 |
| Se | Selenium | 硒 |
| Ser | Serine | 丝氨酸 |
| Si | Silicon | 硅 |
| SID | Standardized ileal digestibility | 回肠标准(标准回肠)消化率 |
| SIDC | Standardized digestible amino acid content | 内源氮校正猪回肠可消化氨基酸含量 |
| solCP | soluble CP | 可溶粗蛋白质 |
| STTD | Standard total tract digestibility | 标准全肠道消化率 |
| TD | True digestibility of an amino acid in poultry | 家禽氨基酸真消化率 |
| TDAA(TAAA) | True digestible amino acid (True amino acid digestibility) | 真氨基酸利用(消化)率 |
| TDC | Digestible amino acid content corresponding to the true digestibility for poultry | 家禽真可消化氨基酸含量 |
| TDN | Total digestible nutrients | 可消化总养分 |
| TEAA | Total essential amino acids | 总必需氨基酸 |
| TFA | Total fatty acids | 总脂肪酸 |
| Thr | Threonine | 苏氨酸 |

| 缩略语 | 英文名称或释义 | 中文名称或释义 |
| --- | --- | --- |
| TId | True intestinal digestibility of non-degraded dietary proteins in ruminants | 反刍动物瘤胃非降解蛋白质小肠真消化率 |
| TID | True ileal digestibility | 回肠真消化率 |
| TME | True metabolizable energy | 真代谢能 |
| TMEn | Nitrogen corrected true metabolizable energy | 氮校正真代谢能 |
| Trp | Tryptophan | 色氨酸 |
| Tyr | Tyrosine | 酪氨酸 |
| UFC | 来自法语 Unité fourragère cheval 的缩写，英文为 Horse feed unit/Forage unit for horses | 马饲料(饲草)单位 |
| UFL | 来自法语 Unité fourragère lait 的缩写，英文为 Forage unit for milk production (net energy value for milk production) | 产奶饲草单位(用于产奶的净能值)，1 UFL = 1.7 Mcal |
| UFV | 来自法语 Unité fourragère viande 的缩写，英文为 Forage unit for meat production (net energy value for meat production) | 产肉饲草单位(用于产肉的净能值) |
| UIP | Undegraded intake protein | 非降解摄入蛋白质 |
| Val | Valine | 缬氨酸 |
| Vitamin $B_1$ | Thiamine | 硫胺素/维生素 $B_1$ |
| Vitamin $B_2$ | Riboflavin | 核黄素/维生素 $B_2$ |
| Vitamin $B_3$ | Nicotinamide | 尼克酰胺/维生素 $B_3$ |
| Vitamin H | Biotin | 生物素 |
| Zn | Zinc | 锌 |

# 目　录

1　国内部分资料 …… 1
1.1　中国饲料数据库情报网中心(CFIC).1990—2015.中国饲料成分及营养价值表第1～26版 …… 2
1.2　杜伦,等.1958.华北区饲料的营养价值 …… 11
1.3　中国农业科学院畜牧研究所.1959.国产饲料营养成分含量表(第一册)…… 12
1.4　中国农业科学院畜牧研究所.1985.中国饲料成分及营养价值表…… 13
1.5　国家攻关项目:饲料开发(75-5-5-1、75-5-5-5).1989 …… 23
1.6　郑长义.1983.饲料图鉴与品质管制 …… 29
2　国外部分资料…… 30
2.1　德国资料…… 31
2.1.1　Oskar Johann Kellner(凯尔纳).家畜饲养用诸表(增订本).泽村真,译(1943) …… 31
2.1.2　Oskar Johann Kellner(凯尔纳).1908.农畜饲养学.刘运筹,等译(1935) …… 32
2.1.3　M. Beyer,et al.2003.德国罗斯托克饲料评价体系.赵广永,译(2008) …… 33
2.2　法国资料…… 34
2.2.1　Daniel Sauvant(INRA),et al.2002.饲料成分及营养价值表.谯仕彦,等译(2005) … 34
2.2.2　AFZ, Ajinomoto Eurolysine, Aventis Animal Nutrition, INRA, ITCF.2000. AmiPig, Ileal Standardised Digestibility of Amino Acids in Feedstuffs for Pigs (猪饲料标准回肠氨基酸消化率)…… 39
2.3　荷兰资料 …… 40
2.3.1　CVB Table Pigs.2007.Chemical Composition and Nutritional Values of Feedstuffs and Feeding Standards(饲料化学成分和猪营养价值与饲养标准) …… 40
2.4　苏联资料…… 44
2.4.1　M.Ф.托迈,等.1953.饲料消化性.马承融,等译(1960)…… 44
2.4.2　И.С.波波夫.1955.饲养标准和饲料表.董景实,等译(1956)…… 47
2.4.3　A.П.克拉什尼科夫,等.1985.苏联家畜饲养标准和日粮.颜礼复,译(1990) …… 49
2.5　美国资料…… 51
2.5.1　B. H. Schneider.1947.Feeds of the World—Their Digestibility and Composition(世界饲料成分及消化率) …… 51
2.5.2　Feedstuffs Ingredient Analysis Table(饲料原料分析表).1980—2016 …… 55
2.5.3　National Research Council(美国国家科学研究委员会).Nutrition Requirement (营养需要)…… 59
2.5.3.1　Nutrient Requirements of Poultry(家禽营养需要).1994 …… 59
2.5.3.2　Nutrient Requirements of Swine(猪营养需要).1998 …… 61
2.5.3.3　Nutrient Requirements of Swine(猪营养需要).2012 …… 63
2.5.3.4　Nutrient Requirements of Beef Cattle(肉牛营养需要).2000 …… 67
2.5.3.5　Nutrient Requirements of Dairy Cattle(奶牛营养需要).2001 …… 72

2.6 美国和加拿大资料 …… 77
2.6.1 杨诗兴,等编译.1981.国外家畜饲养与营养资料选编.//NRC. US and Dep. Agr. Canada. 1971. Atlas of Nutritional Data on United States and Canadian Feeds …… 77
2.6.2 National Research Council. 1982. United States－Canadian Tables of Feed Composition(美国－加拿大饲料成分表) …… 82
2.7 日本资料 …… 86
2.7.1 斋藤道雄.1948. 农艺化学全书第12册饲料学(上卷) …… 86
2.7.2 农林水产省农林水产技术会议事务局.1987. 日本标准饲料成分表 …… 89
2.7.3 农林水产省农林水产技术会议事务局.1995. 日本标准饲料成分表 …… 92
2.7.4 农业・食品产业技术综合研究机构.2009. 日本标准饲料成分表 …… 95
2.8 韩国资料 …… 100
2.8.1 IN K. Han,et al. 1982. Korean Tables of Feed Composition (韩国饲料成分表) …… 100
2.8.2 薛东摄,等.1988. Composition of Korean Feedstuffs(韩国标准饲料成分表) …… 105
2.9 澳大利亚资料 …… 111
2.9.1 Standing Committee on Agriculture,Pig Subcommittee. 1987. Feeding Standards for Australian Livestock (Pigs)(澳大利亚猪饲养标准) …… 111
2.10 巴西资料 …… 113
2.10.1 Horacio Santiago Rostagno,et al. 2011. Brazilian Tables for Poultry and Swine: Composition of Feedstuffs and Nutritional Requirements(巴西家禽与猪饲料成分及营养需要) …… 113
**参考文献** …… 119

# 1　国内部分资料

## 1.1 中国饲料数据库情报网中心(CFIC). 1990—2015. 中国饲料成分及营养价值表第 1~26 版[1]

### 1. 样品简述及常规成分

表 1-1-1 样品简述及常规成分(%)

| 年份 | 中国饲料号 CFN | 饲料名称 | 饲料描述 | 干物质 DM | 粗蛋白质 CP | 粗脂肪 EE | 粗纤维 CF | 无氮浸出物 NFE | 粗灰分 Ash | 中性洗涤纤维 NDF | 酸性洗涤纤维 ADF | 淀粉 Starch | 钙 Ca | 总磷 P | 植酸磷 Phy-P | 有效磷 A-P |
|---|---|---|---|---|---|---|---|---|---|---|---|---|---|---|---|---|
| 1990 | 4-07-0269 | 玉米 | 黄玉米籽粒,成熟,晒干,GB 2 级 | 86.0 | 9.4 | 3.9 | 2.0 | 69.4 | 1.3 | | | | 0.01 | 0.30 | 0.15 | |
| 1991 | 4-07-0269 | 玉米 | 黄玉米籽粒,成熟,GB 2 级 | 86.0 | 8.9 | 4.0 | 1.9 | | 1.3 | | | | 0.02 | 0.27 | 0.15 | |
| 1999 | 4-07-0278 | 玉米 | NY/T 1 级,成熟,高蛋白质 | 86.0 | 9.4 | 3.1 | 1.2 | 71.1 | 1.2 | | | | 0.02 | 0.27 | | 0.12 |
| 2000 | 4-07-0278 | 玉米 | 成熟,高蛋白质 | 86.0 | 9.4 | 3.1 | 1.2 | 71.1 | 1.2 | — | — | | 0.02 | 0.27 | | 0.10 |
| 2001—2003 | 4-07-0278 | 玉米 | 成熟,高蛋白质,优质 | 86.0 | 9.4 | 3.1 | 1.2 | 71.1 | 1.2 | — | — | | 0.02 | 0.27 | | 0.12 |
| 2004—2009 | 4-07-0278 | 玉米 | 成熟,高蛋白质,优质 | 86.0 | 9.4 | 3.1 | 1.2 | 71.1 | 1.2 | 9.4 | 3.5 | | 0.02 | 0.27 | | 0.12 |
| 2010—2011 | 4-07-0278 | 玉米 | 成熟,高蛋白质,优质 | 86.0 | 9.4 | 3.1 | 1.2 | 71.1 | 1.2 | 9.4 | 3.5 | | 0.09 | 0.22 | | 0.09 |
| 2012—2014 | 4-07-0278 | 玉米 | 成熟,高蛋白质,优质 | 86.0 | 9.4 | 3.1 | 1.2 | 71.1 | 1.2 | 9.4 | 3.5 | 60.9 | 0.09 | 0.22 | | 0.09 |
| 2015 | 4-07-0278 | 玉米 | 成熟,高蛋白质,优质 | 86.0 | 9.4 | 3.1 | 1.2 | 71.1 | 1.2 | 9.4 | 3.5 | 60.9 | 0.09 | 0.22 | | 0.04 |
| 1992—1993 | 4-07-0279 | 玉米 | GB 2 级,籽粒,成熟 | 86.0 | 8.7 | 3.6 | 1.6 | 70.7 | 1.4 | | | | 0.02 | 0.27 | 0.15 | |
| 1994—1997 | 4-07-0279 | 玉米 | GB 2 级,籽粒,成熟 | 86.0 | 8.7 | 3.6 | 1.6 | 70.7 | 1.4 | | | | 0.02 | 0.27 | 0.15 | 0.12 |
| 1998 | 4-07-0279 | 玉米 | GB 2 级,成熟 | 86.0 | 8.7 | 3.6 | 1.6 | 70.7 | 1.4 | | | | 0.02 | 0.27 | | 0.12 |
| 1999 | 4-07-0279 | 玉米 | NY/T 2 级,成熟 | 86.0 | 8.7 | 3.6 | 1.6 | 70.7 | 1.4 | | | | 0.02 | 0.27 | | 0.12 |
| 2000 | 4-07-0279 | 玉米 | 成熟,GB/T 17890—1999,1 级 | 86.0 | 8.7 | 3.6 | 1.6 | 70.7 | 1.4 | 9.3 | 2.7 | | 0.02 | 0.27 | | 0.10 |
| 2001—2009 | 4-07-0279 | 玉米 | 成熟,GB/T 17890—1999,1 级 | 86.0 | 8.7 | 3.6 | 1.6 | 70.7 | 1.4 | 9.3 | 2.7 | | 0.02 | 0.27 | | 0.12 |
| 2010 | 4-07-0279 | 玉米 | 成熟,GB/T 17890—1999,1 级 | 86.0 | 8.7 | 3.6 | 1.6 | 70.7 | 1.4 | 9.3 | 2.7 | | 0.02 | 0.27 | | 0.11 |
| 2011 | 4-07-0279 | 玉米 | 成熟,GB/T 17890—2008,1 级 | 86.0 | 8.7 | 3.6 | 1.6 | 70.7 | 1.4 | 9.3 | 2.7 | | 0.02 | 0.27 | | 0.11 |
| 2012—2014 | 4-07-0279 | 玉米 | 成熟,GB/T 17890—2008,1 级 | 86.0 | 8.7 | 3.6 | 1.6 | 70.7 | 1.4 | 9.3 | 2.7 | 65.4 | 0.02 | 0.27 | | 0.11 |

续表 1-1-1

| 年份 | 中国饲料号 CFN | 饲料名称 | 饲料描述 | 干物质 DM | 粗蛋白质 CP | 粗脂肪 EE | 粗纤维 CF | 无氮浸出物 NFE | 粗灰分 Ash | 中性洗涤纤维 NDF | 酸性洗涤纤维 ADF | 淀粉 Starch | 钙 Ca | 总磷 P | 植酸磷 Phy-P | 有效磷 A-P |
|---|---|---|---|---|---|---|---|---|---|---|---|---|---|---|---|---|
| 2015 | 4-07-0279 | 玉米 | 成熟,GB/T 17890—2008,1 级 | 86.0 | 8.7 | 3.6 | 1.6 | 70.7 | 1.4 | 9.3 | 2.7 | 65.4 | 0.02 | 0.27 | | 0.05 |
| 1992—1993 | 4-07-0280 | 玉米 | GB 3 级,籽粒,成熟 | 86.0 | 8.0 | 3.3 | 2.1 | 71.2 | 1.4 | | | | 0.02 | 0.27 | 0.15 | |
| 1994—1997 | 4-07-0280 | 玉米 | GB 3 级,籽粒,成熟 | 86.0 | 8.0 | 3.3 | 2.1 | 71.2 | 1.4 | | | | 0.02 | 0.27 | 0.15 | 0.12 |
| 1998 | 4-07-0280 | 玉米 | GB 3 级,成熟 | 86.0 | 8.0 | 3.3 | 2.1 | 71.2 | 1.4 | | | | 0.02 | 0.27 | | 0.12 |
| 1999 | 4-07-0280 | 玉米 | NY/T 3 级,成熟 | 86.0 | 7.8 | 3.5 | 1.6 | 71.8 | 1.3 | | | | 0.02 | 0.27 | | 0.12 |
| 2000 | 4-07-0280 | 玉米 | 成熟,GB/T 17890—1999,2 级 | 86.0 | 7.8 | 3.5 | 1.6 | 71.8 | 1.3 | — | — | | 0.02 | 0.27 | | 0.10 |
| 2001—2003 | 4-07-0280 | 玉米 | 成熟,GB/T 17890—1999,2 级 | 86.0 | 7.8 | 3.5 | 1.6 | 71.8 | 1.3 | — | — | | 0.02 | 0.27 | | 0.12 |
| 2004—2009 | 4-07-0280 | 玉米 | 成熟,GB/T 17890—1999,2 级 | 86.0 | 7.8 | 3.5 | 1.6 | 71.8 | 1.3 | 7.9 | 2.6 | | 0.02 | 0.27 | | 0.12 |
| 2010 | 4-07-0280 | 玉米 | 成熟,GB/T 17890—1999,2 级 | 86.0 | 7.8 | 3.5 | 1.6 | 71.8 | 1.3 | 7.9 | 2.6 | | 0.02 | 0.27 | | 0.11 |
| 2011 | 4-07-0280 | 玉米 | 成熟,GB/T 17890—2008,2 级 | 86.0 | 7.8 | 3.5 | 1.6 | 71.8 | 1.3 | 7.9 | 2.6 | | 0.02 | 0.27 | | 0.11 |
| 2012—2014 | 4-07-0280 | 玉米 | 成熟,GB/T 17890—2008,2 级 | 86.0 | 7.8 | 3.5 | 1.6 | 71.8 | 1.3 | 7.9 | 2.6 | 62.6 | 0.02 | 0.27 | | 0.11 |
| 2015 | 4-07-0280 | 玉米 | 成熟,GB/T 17890—2008,2 级 | 86.0 | 7.8 | 3.5 | 1.6 | 71.8 | 1.3 | 7.9 | 2.6 | 62.6 | 0.02 | 0.27 | | 0.05 |
| 2002—2003 | 4-07-0288 | 玉米 | 成熟,高赖氨酸,优质 | 86.0 | 8.5 | 5.3 | 2.6 | 67.3 | 1.3 | — | — | | 0.16 | 0.25 | | 0.09 |
| 2004—2011 | 4-07-0288 | 玉米 | 成熟,高赖氨酸,优质 | 86.0 | 8.5 | 5.3 | 2.6 | 68.3 | 1.3 | 9.4 | 3.5 | | 0.16 | 0.25 | | 0.09 |
| 2012—2014 | 4-07-0288 | 玉米 | 成熟,高赖氨酸,优质 | 86.0 | 8.5 | 5.3 | 2.6 | 68.3 | 1.3 | 9.4 | 3.5 | 59.0 | 0.16 | 0.25 | | 0.09 |
| 2015 | 4-07-0288 | 玉米 | 成熟,高赖氨酸,优质 | 86.0 | 8.5 | 5.3 | 2.6 | 68.3 | 1.3 | 9.4 | 3.5 | 59.0 | 0.16 | 0.25 | | 0.05 |

注:此表饲料名称处原文均为"玉米 Corn grain",该资料下表若无特殊注明,则玉米均视为"玉米 Corn grain",不再重复标注;本表中 1994 年"有效磷"数据来源于"八五"科技攻关项目产生的最新测试结果,输入中国饲料数据库经统计计算而得;1997 年"有效磷"的含义是:"可以提供给动物磷源的磷",谷实、豆类及其副产品中的"有效磷"约相当于其总磷的 1/3;"有效磷"在 1998—1999 年为"非植酸磷",计算饲料的"有效磷"时,应视饲喂对象的不同,而对"非植酸磷"数据作不同的折扣;2000 年将 1999 年版中的"非植酸态磷"更改为"有效磷",由磷的生物学利用率计算得到,参考《家禽营养需要》(NRC,1994),《猪营养需要》(NRC,1998),《Feedstuffs》(2000),《日本猪营养标准》(1998)以及国内有关饲料磷利用率研究的报道;本表中"有效磷"在 2001—2009 年为"非植酸磷",用户可根据自己认为的最佳数学模型及饲喂对象推算饲料的"有效磷"值;本表中将"非植酸磷"调整为"有效磷",其数据也做修改,便于读者直接使用"有效磷"计算饲料配方。有效磷的计算依据如下:有效磷＝$K$×(总磷－植酸磷)＋植酸磷×$A$,式中:$K$ 为无机磷的有效率,$A$ 为植酸磷的水解百分比,不加植酸酶时,用于鸡饲料的大多数豆科籽实和小麦的植酸磷水解率超过 50%(Van der Kilis 和 Versteegh,1996)。因此建议 $A$ 值取 50%～75%。1990—1998 年 GB 原文未注明,推测应为 GB 10363—1989;1999 年 NY/T 推测应为 NY/T 114—1989;GB:国家标准;NY/T:农业部行业标准。此资料所在期刊的期数、页码数等不再备注。

## 2. 有效能值

表 1-1-2　有效能值

| 年份 | 中国饲料号 CFN | 饲料名称 | 干物质 DM (%) | 总能 GE | 猪消化能 DE | | 猪代谢能 ME | | 猪净能 NE | | 鸡代谢能 ME | | 肉牛消化能 DE | | 肉牛维持净能 NEm | | 肉牛增重净能 NEg | | 奶牛产奶净能 NEl | | 羊消化能 DE | |
|---|---|---|---|---|---|---|---|---|---|---|---|---|---|---|---|---|---|---|---|---|---|---|
| | | | | Mcal/kg | Mcal/kg | MJ/kg | Mcal/kg | MJ/kg | Mcal/kg | MJ/kg | Mcal/kg | MJ/kg | Mcal/kg | MJ/kg | Mcal/kg | MJ/kg | Mcal/kg | MJ/kg | Mcal/kg | MJ/kg | Mcal/kg | MJ/kg |
| 1990 | 4-07-0269 | 玉米 | 86.0 | 3.90 | 3.37 | | 3.16 | | | | 3.28 | | | | | | 1.20 | | 2.00 | | 3.47 | |
| 1991 | 4-07-0269 | 玉米 | 86.0 | | 3.44 | | | | | | 3.28 | | | | | | 1.35 | | 1.81 | | 3.47 | |
| 1999—2000 | 4-07-0278 | 玉米 | 86.0 | | 3.44 | 14.39 | | | | | 3.18 | 13.31 | 3.50 | 14.64 | | | | | 1.83 | 7.66 | 3.40 | 14.23 |
| 2001—2003 | 4-07-0278 | 玉米 | 86.0 | | 3.44 | 14.39 | 3.24 | 13.57 | | | 3.18 | 13.31 | 3.50 | 14.64 | | | | | 1.83 | 7.66 | 3.40 | 14.23 |
| 2004—2009 | 4-07-0278 | 玉米 | 86.0 | | 3.44 | 14.39 | 3.24 | 13.57 | | | 3.18 | 13.31 | | | 2.20 | 9.19 | 1.68 | 7.02 | 1.83 | 7.66 | 3.40 | 14.23 |
| 2010 | 4-07-0278 | 玉米 | 86.0 | | 3.44 | 14.39 | 3.24 | 13.57 | 2.68 | 11.23 | 3.18 | 13.31 | | | 2.2 | 9.19 | 1.68 | 7.02 | 1.83 | 7.66 | 3.4 | 14.23 |
| 2011 | 4-07-0278 | 玉米 | 86.0 | | 3.44 | 14.39 | 3.24 | 13.57 | 2.68 | 11.23 | 3.18 | 13.31 | | | 2.20 | 9.19 | 1.68 | 7.02 | 1.83 | 7.66 | 3.40 | 14.23 |
| 2012—2013 | 4-07-0278 | 玉米 | 86.0 | | 3.44 | 14.39 | 3.24 | 13.57 | 2.67 | 11.18 | 3.18 | 13.31 | | | 2.20 | 9.19 | 1.68 | 7.02 | 1.83 | 7.66 | 3.40 | 14.23 |
| 2014—2015 | 4-07-0278 | 玉米 | 86.0 | | 3.44 | 14.39 | 3.24 | 13.57 | 2.66 | 11.14 | 3.18 | 13.31 | | | 2.20 | 9.19 | 1.68 | 7.02 | 1.83 | 7.66 | 3.40 | 14.23 |
| 1992—1996 | 4-07-0279 | 玉米 | 86.0 | | 3.41 | 14.27 | | | | | 3.24 | 13.56 | | | | | 1.31 | 5.48 | 1.84 | 7.70 | 3.41 | 14.27 |
| 1997—1998 | 4-07-0279 | 玉米 | 86.0 | | 3.41 | 14.27 | | | | | 3.24 | 13.56 | 3.36 | 14.07 | | | | | | | 3.41 | 14.27 |
| 1999—2000 | 4-07-0279 | 玉米 | 86.0 | | 3.41 | 14.27 | | | | | 3.24 | 13.56 | 3.52 | 14.73 | | | | | 1.84 | 7.70 | 3.41 | 14.27 |
| 2001—2003 | 4-07-0279 | 玉米 | 86.0 | | 3.41 | 14.27 | 3.21 | 13.43 | | | 3.24 | 13.56 | 3.52 | 14.73 | | | | | 1.84 | 7.70 | 3.41 | 14.27 |
| 2004—2009 | 4-07-0279 | 玉米 | 86.0 | | 3.41 | 14.27 | 3.21 | 13.43 | | | 3.24 | 13.56 | | | 2.21 | 9.25 | 1.69 | 7.09 | 1.84 | 7.70 | 3.41 | 14.27 |

续表 1-1-2

| 年份 | 中国饲料号 CFN | 饲料名称 | 干物质 DM (%) | 总能 GE | 猪消化能 DE | | 猪代谢能 ME | | 猪净能 NE | | 鸡代谢能 ME | | 肉牛消化能 DE | | 肉牛维持净能 NEm | | 肉牛增重净能 NEg | | 奶牛产奶净能 NEl | | 羊消化能 DE | |
|---|---|---|---|---|---|---|---|---|---|---|---|---|---|---|---|---|---|---|---|---|---|---|
| | | | | Mcal/kg | Mcal/kg | MJ/kg | Mcal/kg | MJ/kg | Mcal/kg | MJ/kg | Mcal/kg | MJ/kg | Mcal/kg | MJ/kg | Mcal/kg | MJ/kg | Mcal/kg | MJ/kg | Mcal/kg | MJ/kg | Mcal/kg | MJ/kg |
| 2010—2015 | 4-07-0279 | 玉米 | 86.0 | | 3.41 | 14.27 | 3.21 | 13.43 | 2.64 | 11.04 | 3.24 | 13.56 | | | 2.21 | 9.25 | 1.69 | 7.09 | 1.84 | 7.70 | 3.41 | 14.27 |
| 1992—1996 | 4-07-0280 | 玉米 | 86.0 | | 3.39 | 14.18 | | | | | 3.22 | 13.47 | | | | | 1.30 | 5.44 | 1.83 | 7.66 | 3.38 | 14.14 |
| 1997—1998 | 4-07-0280 | 玉米 | 86.0 | | 3.39 | 14.18 | | | | | 3.22 | 13.47 | 3.31 | 13.85 | | | | | | | 3.38 | 14.14 |
| 1999—2000 | 4-07-0280 | 玉米 | 86.0 | | 3.39 | 14.18 | | | | | 3.22 | 13.47 | 3.48 | 14.56 | | | | | 1.82 | 7.61 | 3.38 | 14.14 |
| 2001—2003 | 4-07-0280 | 玉米 | 86.0 | | 3.39 | 14.18 | 3.20 | 13.39 | | | 3.22 | 13.47 | 3.49 | 14.60 | | | | | 1.83 | 7.66 | 3.38 | 14.14 |
| 2004—2009 | 4-07-0280 | 玉米 | 86.0 | | 3.39 | 14.18 | 3.20 | 13.39 | | | 3.22 | 13.47 | | | 2.19 | 9.16 | 1.67 | 7.00 | 1.83 | 7.66 | 3.38 | 14.14 |
| 2010—2011 | 4-07-0280 | 玉米 | 86.0 | | 3.39 | 14.18 | 3.20 | 13.39 | 2.64 | 11.06 | 3.22 | 13.47 | | | 2.19 | 9.16 | 1.67 | 7.00 | 1.83 | 7.66 | 3.38 | 14.14 |
| 2012—2013 | 4-07-0280 | 玉米 | 86.0 | | 3.39 | 14.18 | 3.20 | 13.39 | 2.68 | 11.21 | 3.22 | 13.47 | | | 2.19 | 9.16 | 1.67 | 7.00 | 1.83 | 7.66 | 3.38 | 14.14 |
| 2014—2015 | 4-07-0280 | 玉米 | 86.0 | | 3.39 | 14.18 | 3.20 | 13.39 | 2.62 | 10.98 | 3.22 | 13.47 | | | 2.19 | 9.16 | 1.67 | 7.00 | 1.83 | 7.66 | 3.38 | 14.14 |
| 2002—2003 | 4-07-0288 | 玉米 | 86.0 | | 3.45 | 14.43 | 3.25 | 13.60 | | | 3.25 | 13.60 | 3.57 | 14.94 | | | | | 1.84 | 7.70 | 3.41 | 14.27 |
| 2004—2009 | 4-07-0288 | 玉米 | 86.0 | | 3.45 | 14.43 | 3.25 | 13.60 | | | 3.25 | 13.60 | | | 2.24 | 9.39 | 1.72 | 7.21 | 1.84 | 7.70 | 3.41 | 14.27 |
| 2010—2011 | 4-07-0288 | 玉米 | 86.0 | | 3.45 | 14.43 | 3.25 | 13.60 | 2.69 | 11.26 | 3.25 | 13.60 | | | 2.24 | 9.39 | 1.72 | 7.21 | 1.84 | 7.70 | 3.41 | 14.27 |
| 2012—2013 | 4-07-0288 | 玉米 | 86.0 | | 3.45 | 14.43 | 3.25 | 13.60 | 2.72 | 11.37 | 3.25 | 13.60 | | | 2.24 | 9.39 | 1.72 | 7.21 | 1.84 | 7.70 | 3.41 | 14.27 |
| 2014—2015 | 4-07-0288 | 玉米 | 86.0 | | 3.45 | 14.43 | 3.25 | 13.60 | 2.67 | 11.17 | 3.25 | 13.60 | | | 2.24 | 9.39 | 1.72 | 7.21 | 1.84 | 7.70 | 3.41 | 14.27 |

注：2012年第23版修订说明中指出，猪饲料净能是按公式（$NE=0.7\times DE+16.1\times EE+4.8\times Starch-9.1\times CP-8.7\times ADF$）计算得到的[其中DE为消化能，EE为粗脂肪(%)，Starch为淀粉(%)，CP为粗蛋白质(%)，ADF为酸性洗涤纤维(%)]。奶牛的产奶净能为3倍维持饲喂水平的数值。

### 3. 氨基酸含量

表 1-1-3 氨基酸含量(%)

| 年份 | 中国饲料号 CFN | 饲料名称 | 干物质 DM | 粗蛋白质 CP | 精氨酸 Arg | 组氨酸 His | 异亮氨酸 Ile | 亮氨酸 Leu | 赖氨酸 Lys | 蛋氨酸 Met | 胱氨酸 Cys | 苯丙氨酸 Phe | 酪氨酸 Tyr | 苏氨酸 Thr | 色氨酸 Trp | 缬氨酸 Val |
|---|---|---|---|---|---|---|---|---|---|---|---|---|---|---|---|---|
| 1990 | 4-07-0269 | 玉米 | 86.0 |  | 0.41 | 0.25 | 0.32 | 1.21 | 0.25 | 0.16 | 0.15 | 0.61 | 0.35 | 0.34 | 0.07 | 0.48 |
| 1991 | 4-07-0269 | 玉米 | 86.0 |  | 0.39 | 0.24 | 0.30 | 1.15 | 0.24 | 0.15 | 0.14 | 0.58 | 0.31 | 0.30 | 0.07 | 0.46 |
| 1999—2015 | 4-07-0278 | 玉米 | 86.0 | 9.4 | 0.38 | 0.23 | 0.26 | 1.03 | 0.26 | 0.19 | 0.22 | 0.43 | 0.34 | 0.31 | 0.08 | 0.40 |
| 1992 | 4-07-0279 | 玉米 | 86.0 |  | 0.39 | 0.21 | 0.25 | 0.93 | 0.24 | 0.10 | 0.18 | 0.41 | 0.33 | 0.30 | 0.07 | 0.38 |
| 1993—2015 | 4-07-0279 | 玉米 | 86.0 | 8.7 | 0.39 | 0.21 | 0.25 | 0.93 | 0.24 | 0.18 | 0.20 | 0.41 | 0.33 | 0.30 | 0.07 | 0.38 |
| 1992 | 4-07-0280 | 玉米 | 86.0 |  | 0.38 | 0.21 | 0.25 | 0.95 | 0.24 | 0.08 | 0.15 | 0.39 | 0.32 | 0.30 | 0.06 | 0.36 |
| 1993—1998 | 4-07-0280 | 玉米 | 86.0 | 8.0 | 0.38 | 0.21 | 0.25 | 0.95 | 0.24 | 0.16 | 0.18 | 0.39 | 0.32 | 0.30 | 0.06 | 0.36 |
| 1999—2015 | 4-07-0280 | 玉米 | 86.0 | 7.8 | 0.37 | 0.20 | 0.24 | 0.93 | 0.23 | 0.15 | 0.15 | 0.38 | 0.31 | 0.29 | 0.06 | 0.35 |
| 2002—2015 | 4-07-0288 | 玉米 | 86.0 | 8.5 | 0.50 | 0.29 | 0.27 | 0.74 | 0.36 | 0.15 | 0.18 | 0.37 | 0.28 | 0.30 | 0.08 | 0.46 |

### 4. 矿物质含量

表 1-1-4 矿物质含量

| 年份 | 中国饲料号 CFN | 饲料名称 | 钠 Na (%) | 氯 Cl (%) | 镁 Mg (%) | 钾 K (%) | 硫 S (%) | 铁 Fe (mg/kg) | 铜 Cu (mg/kg) | 锰 Mn (mg/kg) | 锌 Zn (mg/kg) | 硒 Se (mg/kg) |
|---|---|---|---|---|---|---|---|---|---|---|---|---|
| 1990 | 4-07-0269 | 玉米 |  |  |  |  |  | 51 | 1.8 | 6.5 | 19.1 | 0.02 |
| 1991 | 4-07-0269 | 玉米 |  |  |  |  |  | 51 | 1.8 | 6.5 | 19.1 | 0.03 |
| 1999—2000 | 4-07-0278 | 玉米 | 0.01 | 0.04 | 0.11 | 0.29 | 0.13 | 36 | 3.4 | 5.8 | 21.1 | 0.04 |
| 2001—2015 | 4-07-0278 | 玉米 | 0.01 | 0.04 | 0.11 | 0.29 |  | 36 | 3.4 | 5.8 | 21.1 | 0.04 |
| 1992 | 4-07-0279 | 玉米 |  |  |  |  |  | 36 | 3.4 | 5.8 | 21.1 | 0.02 |

续表 1-1-4

| 年份 | 中国饲料号 CFN | 饲料名称 | 钠 Na（%） | 氯 Cl（%） | 镁 Mg（%） | 钾 K（%） | 硫 S（%） | 铁 Fe（mg/kg） | 铜 Cu（mg/kg） | 锰 Mn（mg/kg） | 锌 Zn（mg/kg） | 硒 Se（mg/kg） |
|---|---|---|---|---|---|---|---|---|---|---|---|---|
| 1993—1998 | 4-07-0279 | 玉米 | 0.01 | | | 0.29 | | 36 | 3.4 | 5.8 | 21.1 | 0.02 |
| 1999—2000 | 4-07-0279 | 玉米 | 0.02 | 0.04 | 0.12 | 0.30 | 0.08 | 37 | 3.3 | 6.1 | 19.2 | 0.03 |
| 2001—2008 | 4-07-0279 | 玉米 | 0.02 | 0.04 | 0.12 | 0.30 | | 37 | 3.3 | 6.1 | 19.2 | 0.03 |
| 1992 | 4-07-0280 | 玉米 | | | | | | 37 | 3.3 | 6.1 | 19.2 | 0.03 |
| 1993—1996 | 4-07-0280 | 玉米 | — | | | — | | 37 | 3.3 | 6.1 | 19.2 | 0.03 |
| 1997—1998 | 4-07-0280 | 玉米 | 0.20 | | | 0.30 | | 37 | 3.3 | 6.1 | 19.2 | 0.03 |
| 1999—2000 | 4-07-0280 | 玉米 | 0.02 | 0.04 | 0.12 | 0.30 | 0.08 | 37 | 3.3 | 6.1 | 19.2 | 0.03 |
| 2001—2008 | 4-07-0280 | 玉米 | 0.02 | 0.04 | 0.12 | 0.30 | | 37 | 3.3 | 6.1 | 19.2 | 0.03 |
| 2002—2008 | 4-07-0288 | 玉米 | 0.01 | 0.04 | 0.11 | 0.29 | | 36 | 3.4 | 5.8 | 21.1 | 0.04 |

**5. 维生素含量(含亚油酸含量)**

**表 1-1-5 维生素及亚油酸含量**

| 年份 | 中国饲料号 CFN | 饲料名称 | 胡萝卜素（mg/kg） | 维生素 E（mg/kg） | 维生素 $B_1$（mg/kg） | 维生素 $B_2$（mg/kg） | 泛酸（mg/kg） | 烟酸（mg/kg） | 生物素（mg/kg） | 叶酸（mg/kg） | 胆碱（mg/kg） | 维生素 $B_6$（mg/kg） | 维生素 $B_{12}$（μg/kg） | 亚油酸（%） |
|---|---|---|---|---|---|---|---|---|---|---|---|---|---|---|
| 2001—2008 | 4-07-0278 | 玉米 | — | 22.0 | 3.5 | 1.1 | 5.0 | 24.0 | 0.06 | 0.15 | 620 | 10.0 | — | 2.20 |
| 2009—2015 | 4-07-0278 | 玉米 | 2 | 22.0 | 3.5 | 1.1 | 5.0 | 24.0 | 0.06 | 0.15 | 620 | 10.0 | | 2.20 |
| 2001—2008 | 4-07-0279 | 玉米 | 0.8 | 22.0 | 2.6 | 1.1 | 3.9 | 21.0 | 0.08 | 0.12 | 620 | 10.0 | 0.0 | 2.20 |
| 2001—2008 | 4-07-0280 | 玉米 | — | 22.0 | 2.6 | 1.1 | 3.9 | 21.0 | 0.08 | 0.12 | 620 | 10.0 | — | 2.20 |
| 2002—2008 | 4-07-0288 | 玉米 | — | 22.0 | 3.5 | 1.1 | 5.0 | 24.0 | 0.06 | 0.15 | 620 | 10.0 | — | 2.20 |

## 6. 猪氨基酸生物学效价

**表 1-1-6 猪用饲料氨基酸回肠真或标准消化率(%)***

| 年份 | 中国饲料号 CFN | 饲料名称 | 干物质 DM | 粗蛋白质 CP** | 精氨酸 Arg | 组氨酸 His | 异亮氨酸 Ile | 亮氨酸 Leu | 赖氨酸 Lys | 蛋氨酸 Met | 胱氨酸 Cys | 苯丙氨酸 Phe | 酪氨酸 Tyr | 苏氨酸 Thr | 色氨酸 Trp | 缬氨酸 Val |
|---|---|---|---|---|---|---|---|---|---|---|---|---|---|---|---|---|
| 2001—2007 | 4-07-0278 | 玉米 | 86.0 | 9.4 | 89 | 87 | 87 | 92 | 78 | 90 | 86 | 90 | 89 | 82 | 84 | 87 |
| 2001—2007 | 4-07-0279 | 玉米 | 86.0 | 8.7 | 88 | 86 | 87 | 92 | 77 | 88 | 84 | 89 | 90 | 82 | 88 | 88 |
| 2001—2007 | 4-07-0280 | 玉米 | 86.0 | 7.8 | 89 | 87 | 87 | 92 | 78 | 90 | 86 | 90 | 89 | 82 | 84 | 87 |
| 2002—2007 | 4-07-0288 | 玉米 | 86.0 | 8.5 | 91 | 91 | 83 | 87 | 79 | 83 | 82 | 87 | 87 | 81 | 94 | 84 |
| 2008—2010 | 4-07-0288 | 玉米 | 86.0 | 8.5 | 91 | 89 | 88 | 93 | 80 | 91 | 89 | 91 | 90 | 83 | 80 | 87 |
| 2011 |  | 玉米 | 86.0 |  | 88 | 86 | 86 | 89 | 76 | 87 | 81 | 88 |  | 80 | 76 | 86 |
| 2012—2015 |  | 玉米 | 86.0 | 80 | 87 | 83 | 82 | 87 | 74 | 83 | 80 | 85 | 79 | 77 | 80 | 82 |

注:* 2001—2007 年为回肠真消化率,2008 年为氮校正回肠消化率,2009—2015 年为标准回肠消化率。** 2001—2010 年为粗蛋白质含量,2012—2015 年为粗蛋白质消化率。

**表 1-1-7 猪用饲料真或表观氨基酸消化率(%)**

| 年份 | 饲料名称 | 数据生成方法 | 粗蛋白质含量 CP | 赖氨酸 Lys | 蛋氨酸 Met | 胱氨酸 Cys | 苏氨酸 Thr | 异亮氨酸 Ile | 亮氨酸 Leu | 精氨酸 Arg | 缬氨酸 Val | 组氨酸 His | 酪氨酸 Tyr | 苯丙氨酸 Phe | 色氨酸 Trp |
|---|---|---|---|---|---|---|---|---|---|---|---|---|---|---|---|
| 1999—2000 | 玉米 | ADAA | 8.0 | 66 (58～77) | 84 (82～87) | 76 (71～81) | 68 (60～75) | 78 (76～80) | 86 (83～88) | 82 (78～86) | 77 (75～80) | 83 (80～86) | 81 (76～83) | 82 (79～85) | 66 (62～72) |
| 1999—2000 | 玉米 | TDAA | 8.0 | 77 | 88 | 84 (82～87) | 82 (80～83) | 87 (86～88) | 92 | 88 | 88 (86～91) | 86 (85～88) | 90 | 89 | 88 |

注:氨基酸消化率数据括号外为平均值,括号内为最小值和最大值;ADAA 为未经内源性氨基酸校正的测值,称为表观氨基酸利用(消化)率;TDAA 为将经过内源性氨基酸校正的测值,称为真氨基酸利用(消化)率。

### 7. 鸡氨基酸生物学效价

**表 1-1-8 鸡(chicken)用饲料氨基酸真消化率(%)***

| 年份 | 中国饲料号 CFN | 饲料名称 | 干物质 DM | 粗蛋白质 CP** | 精氨酸 Arg | 组氨酸 His | 异亮氨酸 Ile | 亮氨酸 Leu | 赖氨酸 Lys | 蛋氨酸 Met | 胱氨酸 Cys | 苯丙氨酸 Phe | 酪氨酸 Tyr | 苏氨酸 Thr | 色氨酸 Trp | 缬氨酸 Val |
|---|---|---|---|---|---|---|---|---|---|---|---|---|---|---|---|---|
| 2001—2007 | 4-07-0278 | 玉米 | 86.0 | 9.4 | 98 | 95 | 89 | 96 | 89 | 92 | 84 | 94 | 93 | 88 | — | 91 |
| 2001—2006 | 4-07-0279 | 玉米 | 86.0 | 8.7 | 93 | 96 | 90 | 96 | 85 | 92 | 90 | 94 | 95 | 89 | 85 | 91 |
| 2007 | 4-07-0279 | 玉米 | 86.0 | 8.7 | 93 | [95] | [95] | [94] | [92] | [94] | [87] | 94 | 95 | [85] | [81] | [92] |
| 2001—2006 | 4-07-0280 | 玉米 | 86.0 | 7.8 | 84 | — | 94 | 93 | 78 | 91 | 75 | 84 | 77 | 65 | — | 81 |
| 2007 | 4-07-0280 | 玉米 | 86.0 | 7.8 | 84 | — | 94 | 93 | 78 | 91 | 75 | 84 | 77 | 65 | | 81 |
| 2002—2006 | 4-07-0288 | 玉米 | 86.0 | 8.5 | 100 | 94 | 94 | 96 | 95 | 97 | 89 | 92 | 100 | 94 | 89 | 93 |
| 2007 | 4-07-0288 | 玉米 | 86.0 | 8.5 | 93 | 94 | 94 | 96 | 95 | 97 | 89 | 92 | 93 | 94 | 89 | 93 |
| 2008 | 4-07-0288 | 玉米 | 86.0 | 8.5 | 95 | 90 | 92 | 96 | 85 | 94 | 93 | 94 | 94 | 88 | — | 92 |
| 2009—2010 | 4-07-0288 | 玉米 | 86.0 | 8.5 | 95 | 90 | 92 | 96 | 85 | 94 | 93 | 94 | 94 | 88 | | 92 |
| 2012—2015 | | 玉米,普通 | 86.0 | 87 | 92 | 83 | 83 | 90 | 85 | 93 | 90 | 92 | 92 | 84 | 89 | 88 |
| 2012—2015 | | 玉米,高赖氨酸 | 86.0 | 88 | 92 | 95 | 85 | 91 | 86 | 90 | 86 | 91 | 90 | 78 | 91 | 85 |

注:* 2007 年带□的饲料氨基酸真消化率,数据为标准回肠氨基酸真消化率,数据来源于 AminoNews (2007)。2001—2007 年采用不去盲肠的正常鸡测定的鸡饲料氨基酸真消化率。2008—2010 年采用强饲法用正常成年公鸡测定的鸡饲料氨基酸真消化率;部分数据来源 INRA(2004);** 2001—2010 年为粗蛋白质含量,2012—2015 年为粗蛋白质消化率。

**表 1-1-9 鸡(poultry)用饲料氨基酸真或表观利用率参考值(%)**

| 年份 | 饲料名称 | 数据生成方法 | 粗蛋白质含量 CP | 赖氨酸 Lys | 蛋氨酸 Met | 胱氨酸 Cys | 苏氨酸 Thr | 异亮氨酸 Ile | 亮氨酸 Leu | 精氨酸 Arg | 缬氨酸 Val | 组氨酸 His | 酪氨酸 Tyr | 苯丙氨酸 Phe | 色氨酸 Trp |
|---|---|---|---|---|---|---|---|---|---|---|---|---|---|---|---|
| 1999—2000 | 玉米 | TDAA | 8.0 | 85 (78~94) | 92 (87~95) | 88 (80~95) | 87 (80~95) | 91 (85~95) | 96 (93~99) | 94 (89~98) | 90 (84~96) | 96 (89~99) | 94 (88~98) | 94 (84~98) | 85 (78~88) |

注:氨基酸消化率数据括号外为平均值,括号内为最小值和最大值;TDAA 为将经过内源性氨基酸校正的测值,称为真氨基酸利用(消化)率。

**表 1-1-10　肉鸡(broiler)用饲料标准回肠粗蛋白质和氨基酸消化率*(%)**

| 年份 | 饲料名称 | 样本** | 粗蛋白质 CP | 精氨酸 Arg | 组氨酸 His | 异亮氨酸 Ile | 亮氨酸 Leu | 赖氨酸 Lys | 蛋氨酸 Met | 胱氨酸 Cys | 苯丙氨酸 Phe | 蛋氨酸+胱氨酸 Met+Cys | 苏氨酸 Thr | 色氨酸 Trp | 缬氨酸 Val |
|---|---|---|---|---|---|---|---|---|---|---|---|---|---|---|---|
| 2010 | 玉米 | 6 | 90 | 93 | 95 | 95 | 94 | 92 | 94 | 87 | 94 | 90 | 85 | 81 | 92 |
| 2011 | 玉米 | | | 93 | 95 | 95 | 94 | 92 | 94 | 87 | 94 | | 85 | 84 | 92 |

注:* 2010 年注解肉鸡使用的晶体氨基酸的标准化回肠可消化率认为是 100%;** 获得消化率试验的样本数。2011 年注解数据来源于 Degussa(2005—2010)等。

## 8. 反刍动物饲料尼龙袋法的瘤胃养分降解动力学参数

**表 1-1-11　反刍动物饲料尼龙袋法的瘤胃养分降解动力学参数**

| 年份 | 饲料名称 | 干物质降解参数 | | | | 粗蛋白质降解参数 | | | | 淀粉降解参数 | | | |
|---|---|---|---|---|---|---|---|---|---|---|---|---|---|
| | | a | b | c | DDM | a | b | c | RUP | a | b | c | DST |
| 2006—2008 | 玉米 | 20 | 76 | 5.5 | 56 | 11 | 82 | 4.0 | 43 | 23 | 77 | 5.5 | 60 |
| 2009—2012 | 玉米,8 样平均值 | 24 | 72 | 5.5 | 56 | 14 | 56 | 4.0 | 43 | 23 | 77 | 5.5 | 60 |

注:a 为快速可溶且完全在瘤胃降解的部分(%);b 为不溶但潜在可以降解的部分(%);c 为 b 部分在瘤胃的降解速率即 kd(%h);DDM 为可降解干物质,RUP 为瘤胃非降解蛋白质,DST 为可降解淀粉。2008 年及之前数据主要来源于 INRA(2004),2009—2011 年数据主要来源于 INRA(2004)和刘建新(2009),2012 年主要来源于 INRA(2004)和 NRC 奶牛营养需要(2001)。

## 9. 鸭用饲料能值的参考值

**表 1-1-12　鸭用饲料能值的参考值(饲喂基础)**

| 年份 | 饲料名称 | 干物质 DM (%) | 粗蛋白质 CP (%) | 表观代谢能 AME | | 氮校正表观代谢能 AMEn | | 真代谢能 TME | | 氮校正真代谢能 TMEn | |
|---|---|---|---|---|---|---|---|---|---|---|---|
| | | | | Mcal/kg | MJ/kg | Mcal/kg | MJ/kg | Mcal/kg | MJ/kg | Mcal/kg | MJ/kg |
| 2006—2015 | 普通玉米 Corn | 87.0 | 7.0 | 3.11 | 13.01 | 3.1 | 12.97 | 3.31 | 13.85 | 3.27 | 13.68 |
| 2006—2015 | 低植酸玉米 Low-phytin corn | 89.1 | 8.6 | 3.41 | 14.27 | 3.39 | 14.18 | 4.05 | 16.95 | 3.85 | 16.11 |
| 2006—2015 | 高油玉米 High-oil corn | 88.8 | 9.0 | 3.56 | 14.90 | 3.5 | 14.64 | 4.2 | 17.57 | 3.96 | 16.57 |

注:数据来源于 Olayiwola Adeola(2006)和侯水生(2006、2011—2015)。

### 10. 饲料中的脂肪酸含量

表 1-1-13 饲料中的脂肪酸含量*

| 年份 | 中国饲料号 CFN | 饲料名称 | 干物 DM (%) | 粗蛋白质 CP(%) | 粗脂肪 EE(%) | 月桂酸 | 豆蔻酸 | 棕榈酸 | 棕榈油酸 | 硬脂酸 | 油酸 | 亚油酸 | 亚麻酸 | 总脂肪酸 |
|---|---|---|---|---|---|---|---|---|---|---|---|---|---|---|
| | | | | | | C12:0 | C14:0 | C16:0 | C16:1 | C18:0 | C18:1 | C18:2 | C18:3 | TFA |
| | | | | | | %TFA | %TFA | %TFA | %TFA | %TFA | %TFA | %TFA | %TFA | %EE |
| 2011 | 4-07-0279 | 玉米 | 86.0 | | 3.6 | | 0.1 | 11.1 | 0.4 | 1.8 | 26.9 | 56.5 | 1.0 | 84.6 |
| 2012—2015 | 4-07-0279 | 玉米 | 86.0 | 8.7 | 3.6 | | 0.1 | 11.1 | 0.4 | 1.8 | 26.9 | 56.5 | 1.0 | 84.6 |

注:TFA 为 total fatty acids,总脂肪酸。* 数据参考来源 INRA(2004),CNPCS6.0(CNPCS= Cornel Net Protein and Carbohydrate System 康奈尔净碳水化合物和蛋白质体系)(2008),NRC(2012、1998、1994)等。

### 11. 部分猪、鸡、鸭饲料原料的有效能值(仿生法)

表 1-1-14 部分猪、鸡、鸭饲料原料的有效能值(仿生法)

| 年份 | 饲料名称 | 干物质 DM (%) | 粗蛋白质 CP (%) | 消化能(仿猪) | | | | | 代谢能(仿鸡) | | | | | 代谢能(仿鸭) | | | | |
|---|---|---|---|---|---|---|---|---|---|---|---|---|---|---|---|---|---|---|
| | | | | 样本数 n | 平均值 Mean (Mcal/kg) | 平均值 Mean (MJ/kg) | 标准差 SD (MJ/kg) | 变异系数 CV(%) | 样本数 n | 平均值 Mean (Mcal/kg) | 平均值 Mean (MJ/kg) | 标准差 SD (MJ/kg) | 变异系数 CV(%) | 样本数 n | 平均值 Mean (Mcal/kg) | 平均值 Mean (MJ/kg) | 标准差 SD (MJ/kg) | 变异系数 CV(%) |
| 2014 | 玉米 | 86 | | 23 | | 13.09 | 0.56 | 4.3 | 20 | | 13.25 | 0.34 | 2.59 | 51 | | 12.86 | 0.59 | 4.6 |
| 2015 | 玉米 | 86 | 7.7 | 23 | 3.13 | 13.09 | 0.56 | | 65 | 3.20 | 13.40 | 0.23 | | 31 | 3.19 | 13.36 | 0.32 | |

注:2014 年仿生法测定的有效能值以 EHGE 表示,为 Enzymic hydrolysate gross energy,酶水解物总能值。n 分别为不同饲料原料的饲料样本实体值的个数;表中 2014 年的有效能值系根据 2013—2014 年国家动物营养学国家实验室(SKLAN)冷库现存的猪、鸡、鸭参考系标样的校正标准值,用户需要校正者可与 SKLAN 联系,办理委托校正手续。

## 1.2 杜伦,等.1958.华北区饲料的营养价值[2]

表 1-2-1 饲料的化学成分表(%)

| 饲料种类及名称 | 水分 | 粗蛋白质 (N×6.25) | 粗脂肪 | 碳水化合物 | | 粗灰分 | 钙 | 磷 | 来源 |
|---|---|---|---|---|---|---|---|---|---|
| | | | | 粗纤维 | 无氮浸出物 | | | | |
| 黄玉米 | 12.73 | 9.51 | 3.41 | 1.30 | 71.65 | 1.40 | 0.08 | 0.44 | 双桥农场,饲料公司,北京八一鸭场 |
| 白玉米 | 13.20 | 9.08 | 4.09 | 1.65 | 70.22 | 1.76 | 0.08 | 0.31 | 双桥农场,南郊农场,东郊畜牧场 |

摘自:《华北区饲料的营养价值》(1958)P164。

表 1-2-2 饲料的营养价值表

| 饲料种类及名称 | 1 kg 饲料含有 | | | | 1 个饲料单位含有 | | | |
|---|---|---|---|---|---|---|---|---|
| | 饲料单位 | 可消化粗蛋白质 (g) | 钙 (g) | 磷 (g) | 饲料量 (kg) | 可消化粗蛋白质 (g) | 钙 (g) | 磷 (g) |
| 黄玉米 | 1.35 | 68.5 | 0.8 | 4.4 | 0.74 | 50.7 | 0.6 | 3.3 |
| 白玉米 | 1.35 | 65.4 | 0.8 | 3.1 | 0.74 | 48.4 | 0.6 | 2.3 |

摘自:《华北区饲料的营养价值》(1958)P168。

## 1.3 中国农业科学院畜牧研究所.1959.国产饲料营养成分含量表(第一册)[3]

表 1-3-1 玉米样品简述、常规成分及钙、磷含量(%)

| 样品简述 | 水分 | 粗蛋白质 | 粗脂肪 | 粗纤维 | 无氮浸出物 | 粗灰分 | 钙 | 磷 |
|---|---|---|---|---|---|---|---|---|
| 采自克山,华北所分析 | 11.8 | 9.0 | 4.4 | 1.8 | 71.8 | 1.2 | — | — |
| 采自察北牧场,华北所分析 | 13.5 | 8.8 | 4.5 | 2.1 | 69.6 | 1.5 | — | — |
| 采自浦江,乳熟前期,浙江所分析 | 11.0 | 6.0 | 2.5 | 1.2 | 78.2 | 1.1 | — | — |
| 采自浦江,乳熟后期,浙江所分析 | 10.9 | 6.6 | 3.7 | 1.4 | 76.2 | 1.2 | — | — |
| 采自浦江,蜡熟期,浙江所分析 | 12.6 | 6.6 | 3.8 | 1.9 | 74.0 | 1.1 | — | — |
| 采自浦江,完熟期,浙江所分析 | 8.3 | 7.8 | 4.6 | 1.4 | 76.5 | 1.4 | — | — |
| 采自南京,华东所分析 | 15.5 | 8.1 | 3.6 | 1.2 | 69.4 | 2.2 | — | — |
| 采自昆明,军马所分析 | 11.9 | 8.3 | 4.6 | 1.1 | 72.2 | 1.9 | 0.01 | 0.32 |
| 采自新疆,军马所分析 | 13.7 | 4.9 | 4.8 | 1.3 | 73.8 | 1.5 | 0.04 | 0.23 |
| 采自吉林海龙,军马所分析 | 11.3 | 7.2 | 4.8 | 1.2 | 73.9 | 1.6 | 0.01 | 0.29 |
| 采自北京,军马所分析 | 13.7 | 6.1 | 4.5 | 1.3 | 73.0 | 1.4 | 0.07 | 0.27 |
| 采自福建漳州,军马所分析 | 11.8 | 7.4 | 4.0 | 1.3 | 74.2 | 1.3 | 0.02 | 0.27 |
| 采自武汉,华中农学院分析 | 14.9 | 6.4 | 4.4 | 1.2 | 71.9 | 1.2 | 0.08 | 0.22 |
| 采自甘肃天水,西北畜医所分析 | 16.9 | 9.4 | 1.5 | 1.8 | 68.4 | 2.0 | 0.07 | 0.24 |

续表 1-3-1

| 样品简述 | 水分 | 粗蛋白质 | 粗脂肪 | 粗纤维 | 无氮浸出物 | 粗灰分 | 钙 | 磷 |
|---|---|---|---|---|---|---|---|---|
| 采自兰州,白玉米,西北畜医所分析 | 11.6 | 8.6 | 5.3 | 2.5 | 70.5 | 1.5 | 0.05 | 0.39 |
| 采自杭州,华东后勤分析 | 10.2 | 7.7 | 4.8 | 1.4 | 74.6 | 1.3 | 0.02 | 0.25 |
| 采自绍兴,华东后勤分析 | 11.8 | 7.8 | 4.0 | 1.3 | 73.8 | 1.3 | 0.02 | 0.21 |
| 采自德州,华东后勤分析 | 7.9 | 9.0 | 4.4 | 1.7 | 75.5 | 1.5 | 0.02 | 0.32 |
| 采自岷县,西北畜医学院分析 | 9.7 | 8.3 | 2.6 | 3.0 | 75.2 | 1.2 | 0.04 | 0.24 |
| 1958 年采自华阳,四川农学院分析 | 9.9 | 8.0 | 3.9 | 1.2 | 75.4 | 1.6 | 0.21 | 0.21 |
| 1958 年采自内蒙古,内蒙古畜医学院分析 | 12.6 | 9.2 | 3.8 | 2.0 | 70.9 | 1.5 | 0.17 | 0.39 |
| 1958 年采自安徽,军马所分析 | 15.7 | 5.9 | 4.0 | 1.1 | 71.8 | 1.5 | 0.08 | 0.28 |
| 1958 年采自乌鲁木齐,军马所分析 | 12.9 | 8.5 | 4.2 | 1.0 | 71.9 | 1.5 | 0.19 | 0.28 |
| 1958 年采自西昌,四川农学院分析 | 13.9 | 8.1 | 3.7 | 0.9 | 71.8 | 1.6 | 0.11 | 0.30 |

摘自:《国产饲料营养成分含量表(第一册)》(1959)P86-89。

## 1.4 中国农业科学院畜牧研究所.1985.中国饲料成分及营养价值表[4]

### 1. 玉米样品简述、常规成分及能值

(1)猪饲料样品简述、常规成分及能值

表 1-4-1 猪饲料样品简述、常规成分及能值

| 编号 | 样品简述 | 干物质(%) | 粗蛋白质(%) | 粗脂肪(%) | 粗纤维(%) | 无氮浸出物(%) | 粗灰分(%) | 钙(%) | 磷(%) | 总能(Mcal/kg) | 消化能(Mcal/kg) | 代谢能(Mcal/kg) |
|---|---|---|---|---|---|---|---|---|---|---|---|---|
| 4-07-193 | 黑龙江,龙牧 2 号 | 91.8 | 8.9 | 4.0 | 2.5 | 74.7 | 1.7 | — | — | 4.13 | 3.58 | 3.37 |
| 4-07-194 | 北京,黄玉米 | 88.0 | 8.5 | 4.3 | 1.3 | 72.2 | 1.7 | 0.02 | 0.21 | 3.98 | 3.47 | 3.27 |
| 4-07-195 | 河北栾城,包谷、棒子、黄马牙 | 87.4 | 7.8 | 3.8 | 1.5 | 73.0 | 1.3 | — | — | 3.93 | 3.44 | 3.25 |
| 4-07-196 | 河北栾城,穗穗红 | 87.4 | 8.5 | 4.7 | 1.5 | 71.2 | 1.5 | — | — | 3.98 | 3.46 | 3.26 |
| 4-07-197 | 河北栾城,白马牙 | 86.4 | 8.9 | 4.1 | 1.1 | 71.0 | 1.3 | — | — | 3.92 | 3.43 | 3.23 |

续表 1-4-1

| 编号 | 样品简述 | 干物质(%) | 粗蛋白质(%) | 粗脂肪(%) | 粗纤维(%) | 无氮浸出物(%) | 粗灰分(%) | 钙(%) | 磷(%) | 总能(Mcal/kg) | 消化能(Mcal/kg) | 代谢能(Mcal/kg) |
|---|---|---|---|---|---|---|---|---|---|---|---|---|
| 4-07-198 | 山西,黄玉米 | 89.1 | 9.6 | 4.3 | 3.0 | 69.9 | 2.3 | 0.03 | 0.25 | 4.01 | 3.45 | 3.25 |
| 4-07-199 | 内蒙古 | 87.4 | 9.2 | 3.8 | 2.0 | 70.9 | 1.5 | — | 0.17 | 3.94 | 3.43 | 3.23 |
| 4-07-200 | 黑龙江,唐山白 | 89.2 | 9.8 | 5.2 | 1.7 | 70.9 | 1.6 | 0.02 | 0.26 | 4.10 | 3.54 | 3.32 |
| 4-07-201 | 吉林,吉单 101 | 88.8 | 8.7 | 4.9 | 2.0 | 72.0 | 1.2 | 0.03 | 0.28 | 4.06 | 3.52 | 3.32 |
| 4-07-203 | 辽宁建平,白马牙 | 92.6 | 9.6 | 3.6 | 1.3 | 77.3 | 1.1 | — | — | 4.17 | 3.67 | 3.45 |
| 4-07-204 | 辽宁建昌,黄金崩 | 91.4 | 9.7 | 3.8 | 2.1 | 74.6 | 1.2 | — | — | 4.13 | 3.60 | 3.38 |
| 4-07-205 | 辽宁盘山,丹育 6 号 | 92.4 | 10.7 | 4.0 | 2.7 | 72.7 | 2.3 | — | — | 4.15 | 3.59 | 3.37 |
| 4-07-206 | 辽宁,丹育 6 号,3 县 3 样品平均值 | 91.4 | 9.7 | 3.9 | 2.1 | 74.3 | 1.4 | — | — | 4.13 | 3.59 | 3.38 |
| 4-07-207 | 山东,杂交种,3 县 3 样品平均值 | 87.2 | 8.7 | 3.3 | 1.9 | 72.1 | 1.2 | 0.07 | 0.18 | 3.91 | 3.42 | 3.22 |
| 4-07-208 | 山东,大马牙 2 县 4 样品平均值 | 87.4 | 8.2 | 2.1 | 1.7 | 74.2 | 1.2 | — | 0.20 | 3.85 | 3.40 | 3.20 |
| 4-07-209 | 山东烟山,6 号 2 样品平均值 | 86.5 | 8.8 | 3.0 | 1.0 | 72.2 | 1.5 | 0.05 | 0.31 | 3.86 | 3.39 | 3.20 |
| 4-07-215 | 山东泰安,郑单 2 号 | 87.1 | 9.6 | 2.8 | 1.1 | 72.2 | 1.4 | — | — | 3.89 | 3.42 | 3.22 |
| 4-07-216 | 山东菏泽,烟山 6 号 | 86.2 | 8.1 | 3.7 | 1.3 | 71.6 | 1.5 | — | 0.23 | 3.87 | 3.39 | 3.20 |
| 4-07-221 | 山东鲁元单 4 号 6 样品平均值 | 87.6 | 8.3 | 3.6 | 1.9 | 72.4 | 1.4 | — | 0.22 | 3.93 | 3.43 | 3.24 |
| 4-07-222 | 山东,32 样品平均值 | 87.6 | 8.6 | 3.0 | 1.8 | 73.0 | 1.2 | — | — | 3.91 | 3.43 | 3.23 |
| 4-07-228 | 河南,11 样品平均值 | 87.5 | 8.0 | 4.0 | 1.7 | 72.5 | 1.3 | — | 0.22 | 3.95 | 3.45 | 3.25 |
| 4-07-229 | 湖北,美国种 | 90.4 | 8.6 | 3.6 | 1.9 | 74.6 | 1.7 | — | — | 4.04 | 3.53 | 3.33 |
| 4-07-231 | 湖南零陵,联玉 1 号 | 90.4 | 9.9 | 1.1 | 1.8 | 75.9 | 1.7 | — | 0.29 | 3.93 | 3.48 | 3.27 |
| 4-07-234 | 广东,10 样品平均值 | 86.8 | 8.1 | 3.5 | 1.7 | 71.3 | 2.2 | 0.03 | 0.21 | 3.86 | 3.37 | 3.18 |
| 4-07-235 | 宁夏,新黄单 8 号 | 88.4 | 10.0 | 4.5 | 2.1 | 70.8 | 1.0 | — | — | 4.05 | 3.51 | 3.30 |

续表 1-4-1

| 编号 | 样品简述 | 干物质(%) | 粗蛋白质(%) | 粗脂肪(%) | 粗纤维(%) | 无氮浸出物(%) | 粗灰分(%) | 钙(%) | 磷(%) | 总能(Mcal/kg) | 消化能(Mcal/kg) | 代谢能(Mcal/kg) |
|---|---|---|---|---|---|---|---|---|---|---|---|---|
| 4-07-236 | 宁夏,联邦德国 1 号 | 88.5 | 10.2 | 3.7 | 1.3 | 72.2 | 1.1 | — | — | 4.02 | 3.51 | 3.30 |
| 4-07-239 | 宁夏青铜峡,宁单 1 号 | 94.5 | 10.4 | 3.1 | 1.8 | 77.7 | 1.5 | — | 0.26 | 4.22 | 3.7 | 3.47 |
| 4-07-240 | 宁夏青铜峡,宁单 2 号 | 93.7 | 7.5 | 3.0 | 2.1 | 79.8 | 1.3 | — | — | 4.15 | 3.65 | 3.44 |
| 4-07-241 | 宁夏,联邦德国 2 号 | 88.5 | 10.1 | 3.9 | 1.4 | 72.1 | 1.0 | — | — | 4.03 | 3.51 | 3.30 |
| 4-07-242 | 宁夏银川,英国红玉米 | 90.1 | 9.3 | 3.4 | 2.0 | 73.6 | 1.8 | — | 0.34 | 4.02 | 3.51 | 3.31 |
| 4-07-245 | 新疆,黄玉米 | 89.0 | 8.9 | 4.7 | 1.7 | 72.3 | 1.4 | 0.07 | 0.50 | 4.06 | 3.52 | 3.32 |
| 4-07-246 | 新疆,白玉米 | 89.3 | 8.8 | 3.9 | 3.0 | 72.1 | 1.5 | — | 0.36 | 4.02 | 3.48 | 3.28 |
| 4-07-247 | 新疆,碎玉米 | 89.8 | 9.1 | 1.5 | 1.9 | 75.0 | 2.3 | — | 0.21 | 3.89 | 3.43 | 3.23 |
| 4-07-248 | 四川达县,中单 2 号马齿 | 89.2 | 9.8 | 3.5 | 2.1 | 72.3 | 1.5 | — | — | 4.01 | 3.46 | 3.24 |
| 4-07-249 | 四川荣昌,郑单 2 号,白色 | 86.9 | 9.3 | 4.5 | 1.7 | 70.2 | 1.2 | 0.01 | 0.24 | 3.97 | 3.39 | 3.26 |
| 4-07-250 | 四川绵阳,黄玉米 | 88.0 | 8.9 | 4.3 | 2.4 | 71.0 | 1.4 | — | — | 3.99 | 3.37 | 3.16 |
| 4-07-251 | 云南昆明,中玉米 | 87.3 | 7.1 | 3.8 | 2.8 | 72.5 | 1.1 | — | — | 3.92 | 3.41 | 3.22 |
| 4-07-253 | 云南,黄玉米 6 样品平均值 | 88.7 | 7.6 | 4.3 | 2.2 | 73.4 | 1.2 | 0.02 | 0.22 | 4.01 | 3.49 | 3.30 |
| 4-07-254 | 云南,白玉米 6 样品平均值 | 89.9 | 8.8 | 4.5 | 2.5 | 72.7 | 1.4 | — | — | 4.08 | 3.53 | 3.33 |
| 4-07-255 | 云南,美国种,黄色马牙齿 | 89.4 | 9.0 | 2.5 | 3.9 | 72.5 | 1.5 | — | — | 3.96 | 3.42 | 3.23 |
| 4-07-263 | 23 省(自治区、直辖市)120 样品平均值 | 88.4 | 8.6 | 3.5 | 2.0 | 72.9 | 1.4 | 0.04 | 0.21 | 3.97 | 3.46 | 3.26 |
|  | (北京)1983 年猪饲养标准议定值 | 88.0 | 8.5 | — | 1.3 | — | — | 0.02 | 0.21 | 3.97 | 3.43 | 3.23 |
|  | (黑龙江)1983 年猪饲养标准议定值 | 88.3 | 7.8 | — | 2.1 | — | — | 0.03 | 0.28 | 3.99 | 3.36 | 3.17 |

摘自:《中国饲料成分及营养价值表》(1985)P42-45。

(2)鸡饲料样品简述、常规成分及能值

表 1-4-2 鸡饲料样品简述、常规成分及能值

| 编号 | 样品简述 | 干物质(%) | 粗蛋白质(%) | 粗脂肪(%) | 粗纤维(%) | 无氮浸出物(%) | 粗灰分(%) | 钙(%) | 磷(%) | 总能(Mcal/kg) | 代谢能(Mcal/kg) |
|---|---|---|---|---|---|---|---|---|---|---|---|
| 4-07-193 | 黑龙江,龙牧 2 号 | 91.8 | 8.9 | 4.0 | 2.5 | 74.7 | 1.7 | — | — | 4.13 | 3.43 |
| 4-07-194 | 北京,黄玉米 | 88.0 | 8.5 | 4.3 | 1.3 | 72.2 | 1.7 | 0.02 | 0.21 | 3.98 | 3.46 |
| 4-07-195 | 河北栾城,黄马牙 | 87.4 | 7.8 | 3.8 | 1.5 | 73.0 | 1.3 | — | — | 3.93 | 3.41 |
| 4-07-196 | 河北栾城,穗穗红 | 87.4 | 8.5 | 4.7 | 1.5 | 71.2 | 1.5 | — | — | 3.98 | 3.41 |
| 4-07-197 | 河北栾城,白马牙 | 86.4 | 8.9 | 4.1 | 1.1 | 71.0 | 1.3 | — | — | 3.92 | 3.43 |
| 4-07-198 | 山西,黄玉米 | 89.1 | 9.6 | 4.3 | 3.0 | 69.9 | 2.3 | 0.03 | 0.25 | 4.01 | 3.22 |
| 4-07-199 | 内蒙古 | 87.4 | 9.2 | 3.8 | 2.0 | 70.9 | 1.5 | — | 0.17 | 3.94 | 3.32 |
| 4-07-200 | 黑龙江 | 89.2 | 9.8 | 5.2 | 1.7 | 70.9 | 1.6 | 0.02 | 0.26 | 4.10 | 3.43 |
| 4-07-201 | 吉林,吉单 101 | 88.8 | 8.7 | 4.9 | 2.0 | 72.0 | 1.2 | 0.03 | 0.28 | 4.06 | 3.37 |
| 4-07-204 | 辽宁建昌,黄金崩 | 91.4 | 9.7 | 3.8 | 2.1 | 74.6 | 1.2 | — | — | 4.13 | 3.47 |
| 4-07-206 | 辽宁,丹育 6 号,3 县 3 样品平均值 | 91.4 | 9.7 | 3.9 | 2.1 | 74.3 | 1.4 | — | — | 4.13 | 3.47 |
| 4-07-207 | 山东,杂交种,3 县 3 样品平均值 | 87.2 | 8.7 | 3.3 | 1.9 | 72.1 | 1.2 | 0.07 | 0.18 | 3.91 | 3.33 |
| 4-07-222 | 山东,32 样品平均值 | 87.6 | 8.6 | 3.0 | 1.8 | 73.0 | 1.2 | 0.09 | — | 3.91 | 3.36 |
| 4-07-223 | 辽宁沈阳 | 88.6 | 9.1 | 2.7 | 1.0 | 74.5 | 1.3 | 0.06 | 0.19 | 4.01 | 3.30 |
| 4-07-228 | 河南,11 样品平均值 | 87.5 | 8.0 | 4.0 | 1.7 | 72.5 | 1.3 | — | 0.22 | 3.95 | 3.38 |
| 4-07-229 | 湖北,美国种 | 90.4 | 8.6 | 3.6 | 1.9 | 74.6 | 1.7 | — | — | 4.04 | 3.47 |
| 4-07-231 | 湖南零陵,联玉 1 号 | 90.4 | 9.9 | 1.1 | 1.8 | 75.9 | 1.7 | — | 0.29 | 3.93 | 3.48 |
| 4-07-234 | 广东,10 样品平均值 | 86.8 | 8.1 | 3.5 | 1.7 | 71.3 | 2.2 | 0.03 | 0.21 | 3.86 | 3.34 |
| 4-07-242 | 宁夏银川,英国红玉米 | 90.1 | 9.3 | 3.4 | 2.0 | 73.6 | 1.8 | — | 0.34 | 4.02 | 3.44 |
| 4-07-245 | 新疆,黄玉米 | 89.0 | 8.9 | 4.7 | 1.7 | 72.3 | 1.4 | 0.07 | 0.50 | 4.06 | 3.44 |
| 4-07-246 | 新疆,白玉米 | 89.3 | 8.8 | 3.9 | 3.0 | 72.1 | 1.5 | — | 0.36 | 4.02 | 3.23 |
| 4-07-249 | 四川荣昌,郑单 2 号,白色 | 86.9 | 9.3 | 4.5 | 1.7 | 70.2 | 1.2 | 0.01 | 0.24 | 3.97 | 3.35 |

续表 1-4-2

| 编号 | 样品简述 | 干物质（%） | 粗蛋白质（%） | 粗脂肪（%） | 粗纤维（%） | 无氮浸出物（%） | 粗灰分（%） | 钙（%） | 磷（%） | 总能（Mcal/kg） | 代谢能（Mcal/kg） |
|---|---|---|---|---|---|---|---|---|---|---|---|
| 4-07-250 | 四川绵阳，黄玉米 | 86.5 | 8.7 | 4.2 | 2.4 | 69.8 | 1.4 | — | — | 3.92 | 3.24 |
| 4-07-251 | 云南昆明，中玉米 | 87.3 | 7.1 | 3.8 | 2.8 | 72.5 | 1.1 | — | — | 3.92 | 3.18 |
| 4-07-253 | 云南，黄玉米，6样品平均值 | 88.7 | 7.6 | 4.3 | 2.2 | 73.4 | 1.2 | 0.02 | 0.22 | 4.01 | 3.34 |
| 4-07-254 | 云南，白玉米，6样品平均值 | 89.9 | 8.8 | 4.5 | 2.5 | 72.7 | 1.4 | — | — | 4.08 | 3.34 |
| 4-07-258 | 福建福州，玉米面 | 85.4 | 9.8 | 3.6 | 2.9 | 68.6 | 0.5 | — | — | 3.90 | 3.08 |
| 4-07-259 | 广西南宁，仓粟粉 | 88.7 | 8.3 | 2.6 | 1.9 | 74.5 | 1.4 | — | — | 3.93 | 3.40 |
| 4-07-263 | 23省（自治区、直辖市）玉米，120样品平均值 | 88.4 | 8.6 | 3.5 | 2.0 | 72.9 | 1.4 | 0.04 | 0.21 | 3.97 | 3.36 |
|  | 1983年鸡饲养标准议定值 | 88.4 | 8.6 | 3.5 | 2.0 | 72.9 | 1.4 | 0.04 | 0.21 | — | 3.36 |

摘自：《中国饲料成分及营养价值表》(1985)P94-95。

(3)奶牛饲料样品简述、常规成分、能值及可消化粗蛋白质

**表 1-4-3　奶牛饲料样品简述、常规成分、能值及可消化粗蛋白质**

| 编号 | 样品简述 | 干物质（%） | 粗蛋白质（%） | 粗脂肪（%） | 粗纤维（%） | 无氮浸出物（%） | 粗灰分（%） | 钙（%） | 磷（%） | 产奶净能（Mcal/kg） | 能量单位（NND/kg） | 可消化粗蛋白质(g/kg) |
|---|---|---|---|---|---|---|---|---|---|---|---|---|
| 4-07-193 | 北京，白玉米1号 | 88.2 | 7.8 | 3.4 | 2.1 | 73.5 | 1.4 | 0.02 | 0.36 | 2.07 | 2.76 | 54 |
| 4-07-194 | 北京，黄玉米 | 88.0 | 8.5 | 4.3 | 1.3 | 72.2 | 1.7 | 0.02 | 0.21 | 2.15 | 2.87 | 64 |
| 4-07-253 | 云南，黄玉米，6样品平均值 | 88.7 | 7.6 | 4.3 | 2.2 | 73.4 | 1.2 | 0.02 | 0.22 | 2.12 | 2.82 | 52 |
| 4-07-254 | 云南，白玉米，6样品平均值 | 89.9 | 8.8 | 4.5 | 2.5 | 72.7 | 1.4 | 0.05 | 0.19 | 2.13 | 2.84 | 61 |
| 4-07-263 | 23省（自治区、直辖市），120样品平均值，玉米 | 88.4 | 8.6 | 3.5 | 2.0 | 72.9 | 1.4 | 0.08 | 0.21 | 2.07 | 2.76 | 59 |
| 4-07-611 | 黑龙江齐齐哈尔市，龙牧1号 | 89.2 | 9.8 | 5.2 | 1.7 | 71.0 | 1.5 | — | — | 2.20 | 2.94 | 74 |

注：NND为奶牛能量单位，相当于1 kg含乳脂4%的标准乳所含产奶净能3.138 MJ(或0.75 Mcal)(编者补注)。

摘自：《中国饲料成分及营养价值表》(1985)P138-139。

(4)肉牛饲料样品简述、常规成分、能值及可消化粗蛋白质

**表 1-4-4　肉牛饲料样品简述、常规成分、能值及可消化粗蛋白质**

| 编号 | 样品简述 | 干物质(%) | 粗蛋白质(%) | 粗脂肪(%) | 粗纤维(%) | 无氮浸出物(%) | 粗灰分(%) | 钙(%) | 磷(%) | 代谢能(Mcal/kg) | 维持净能(Mcal/kg) | 增重净能(Mcal/kg) | 可消化粗蛋白质(g/kg) |
|---|---|---|---|---|---|---|---|---|---|---|---|---|---|
| 4-07-193 | 北京,白玉米1号 | 88.2 | 7.8 | 3.4 | 2.1 | 73.5 | 1.4 | 0.02 | 0.36 | 2.83 | 1.93 | 1.26 | 54 |
| 4-07-194 | 北京,黄玉米 | 88.0 | 8.5 | 4.3 | 1.3 | 72.2 | 1.7 | 0.02 | 0.21 | 2.92 | 2.03 | 1.31 | 64 |
| 4-07-253 | 云南,黄玉米,6样品平均值 | 88.7 | 7.6 | 4.3 | 2.2 | 73.4 | 1.2 | 0.02 | 0.22 | 2.89 | 1.99 | 1.29 | 52 |
| 4-07-254 | 云南,白玉米,6样品平均值 | 89.9 | 8.8 | 4.5 | 2.5 | 72.7 | 1.4 | — | — | 2.91 | 1.99 | 1.30 | 61 |
| 4-07-263 | 23省(自治区、直辖市),120样品平均值 | 88.4 | 8.6 | 3.5 | 2.0 | 72.9 | 1.4 | 0.08 | 0.21 | 2.84 | 1.93 | 1.27 | 59 |
| 4-07-611 | 黑龙江,齐齐哈尔,龙牧1号 | 89.2 | 9.8 | 5.2 | 1.7 | 71.0 | 1.5 | — | — | 2.98 | 2.08 | 1.34 | 74 |

摘自:《中国饲料成分及营养价值表》(1985)P168-171。

(5)羊饲料样品简述、常规成分、能值及可消化粗蛋白质

**表 1-4-5　羊饲料样品简述、常规成分、能值及可消化粗蛋白质**

| 编号 | 样品简述 | 干物质(%) | 粗蛋白质(%) | 粗脂肪(%) | 粗纤维(%) | 无氮浸出物(%) | 粗灰分(%) | 钙(%) | 磷(%) | 总能(Mcal/kg) | 消化能(Mcal/kg) | 代谢能(Mcal/kg) | 可消化粗蛋白质(g/kg) |
|---|---|---|---|---|---|---|---|---|---|---|---|---|---|
| 4-07-263 | 23省(自治区、直辖市),120样品平均值 | 88.4 | 8.6 | 3.5 | 2.0 | 72.9 | 1.4 | 0.04 | 0.21 | 3.96 | 3.68 | 3.02 | 65 |
| 4-07-807 | 内蒙古 | 87.4 | 9.2 | 3.8 | 2.0 | 70.9 | 1.5 | — | — | 3.94 | 3.65 | 2.99 | 70 |
| 4-07-808 | 新疆呼图壁,黄玉米 | 89.5 | 9.5 | 3.5 | 1.7 | 73.4 | 1.4 | 0.02 | 0.16 | 4.02 | 3.73 | 3.06 | 72 |
| 4-07-809 | 新疆呼图壁,白玉米 | 90.4 | 7.5 | 3.9 | 1.9 | 75.3 | 1.8 | — | 0.17 | 4.04 | 3.76 | 3.08 | 57 |
| 4-07-810 | 新疆乌鲁木齐,碎玉米 | 88.8 | 9.1 | 1.3 | 1.7 | 75.4 | 1.3 | 0.21 | — | 3.88 | 3.62 | 2.97 | 69 |

摘自:《中国饲料成分及营养价值表》(1985)P196-197。

## 2 玉米氨基酸含量

表 1-4-6 玉米氨基酸含量(%)

| 编号 | 样品简述 | 干物质 | 粗蛋白质 | 苏氨酸 | 甘氨酸 | 胱氨酸 | 缬氨酸 | 蛋氨酸 | 异亮氨酸 | 亮氨酸 | 酪氨酸 | 苯丙氨酸 | 赖氨酸 | 组氨酸 | 精氨酸 | 色氨酸 |
|---|---|---|---|---|---|---|---|---|---|---|---|---|---|---|---|---|
| 4-07-271 | 吉林,吉单 101 | 88.8 | 8.7 | 0.24 | 0.35 | — | 0.57 | 0.10 | 0.23 | 0.69 | 0.18 | 0.76 | 0.28 | 0.12 | 0.33 | 0.15 |
| 4-07-279 | 山东章丘,杂交种 | 87.5 | 9.6 | 0.32 | 0.30 | 0.11 | 0.36 | — | 0.26 | 1.17 | 0.40 | 0.43 | 0.21 | 0.22 | 0.36 | — |
| 4-07-280 | 山东菏泽,杂交种 | 88.1 | 8.0 | 0.29 | 0.32 | 0.16 | 0.30 | — | 0.18 | 0.91 | 0.32 | 0.34 | 0.22 | 0.20 | 0.38 | — |
| 4-07-281 | 山东郯城,杂交种 | 85.9 | 8.5 | 0.32 | 0.34 | 0.17 | 0.34 | 0.09 | 0.21 | 1.06 | 0.34 | 0.39 | 0.22 | 0.22 | 0.40 | — |
| 4-07-282 | 山东微山,大马牙 | 88.1 | 7.8 | 0.28 | 0.31 | 0.10 | 0.34 | — | 0.22 | 0.78 | 0.29 | 0.31 | 0.25 | 0.22 | 0.39 | — |
| 4-07-283 | 山东曹县,大马牙 | 87.6 | 8.0 | 0.35 | 0.40 | 0.20 | 0.40 | 0.09 | 0.22 | 1.11 | 0.38 | 0.41 | 0.24 | 0.24 | 0.42 | — |
| 4-07-284 | 山东 14 县,24 样品平均值 | 88.0 | 8.7 | 0.32 | 0.35 | 0.14 | 0.42 | 0.18 | 0.29 | 1.03 | 0.35 | — | 0.24 | 0.22 | 0.40 | — |
| 4-07-302 | 山东齐河,烟山 6 号 | 86.6 | 8.5 | 0.30 | 0.32 | 0.16 | — | 0.17 | 0.18 | 0.94 | 0.34 | 0.36 | 0.20 | 0.21 | 0.37 | — |
| 4-07-303 | 山东济宁,鲁宁 1 号 | 86.7 | 9.4 | 0.34 | 0.34 | — | 0.38 | — | 0.25 | 1.01 | 0.36 | 0.39 | 0.26 | 0.24 | 0.43 | — |
| 4-07-304 | 山东阳谷,豫双 5 号 | 86.6 | 8.1 | 0.28 | 0.30 | 0.16 | 0.33 | 0.11 | 0.19 | 0.92 | 0.32 | 0.34 | 0.18 | 0.19 | 0.34 | — |
| 4-07-306 | 山东章丘,早育 6 号纯种 | 88.3 | 11.8 | 0.39 | 0.38 | 0.11 | 0.44 | — | 0.32 | 1.33 | 0.47 | 0.50 | 0.27 | 0.27 | 0.48 | — |
| 4-07-307 | 山东乐陵,单育 6 号 | 85.1 | 8.3 | 0.31 | 0.34 | 0.16 | 0.35 | 0.11 | 0.20 | 0.98 | 0.33 | 0.37 | 0.21 | 0.22 | 0.37 | — |
| 4-07-308 | 山东泰安,郑单 2 号 | 87.1 | 9.6 | 0.24 | 0.26 | 0.15 | 0.26 | — | 0.16 | 0.77 | 0.27 | 0.30 | 0.18 | 0.16 | 0.30 | — |
| 4-07-326 | 浙江上虞 | 87.8 | 9.6 | 0.29 | 0.35 | 0.14 | 0.42 | 0.18 | 0.29 | 1.03 | 0.24 | 0.39 | 0.25 | 0.24 | 0.34 | — |
| 4-07-328 | 河南 4 县,4 样品平均值 | 88.0 | 8.4 | 0.29 | 0.34 | 0.20 | 0.49 | — | 0.34 | 1.08 | 0.37 | 0.47 | 0.29 | 0.23 | 0.41 | — |
| 4-07-329 | 湖北 | 90.6 | 7.1 | 0.34 | 0.37 | — | 0.43 | 0.15 | 0.33 | 1.11 | 0.39 | 0.43 | 0.28 | 0.15 | 0.42 | — |
| 4-07-331 | 湖南,黄玉米 | 86.4 | 7.4 | 0.25 | 0.28 | — | 0.33 | — | 0.24 | 0.82 | 0.25 | 0.33 | 0.21 | 0.18 | 0.30 | — |
| 4-07-332 | 湖南四县市,5 样品平均值 | 88.0 | 10.2 | 0.34 | 0.37 | — | 0.47 | 0.19 | 0.28 | 1.23 | 0.37 | 0.45 | 0.27 | 0.26 | 0.47 | 0.07 |
| 4-07-333 | 湖南,联玉 1 号 | 89.3 | 8.7 | 0.30 | 0.33 | — | 0.43 | 0.21 | 0.24 | 1.03 | 0.34 | 0.37 | 0.27 | 0.28 | 0.45 | 0.07 |
| 4-07-336 | 宁夏,8 样品平均值 | 88.0 | 9.0 | 0.40 | 0.36 | 0.12 | 0.45 | 0.15 | 0.33 | 1.36 | 0.34 | 0.50 | 0.33 | 0.45 | 0.45 | 0.06 |
| 4-07-342 | 四川达县,中单 2 号,马齿 | 89.2 | 9.8 | 0.36 | 0.36 | — | 0.48 | 0.10 | 0.36 | 1.33 | 0.45 | 0.55 | 0.28 | 0.26 | 1.47 | 0.07 |
| 4-07-343 | 四川荣昌,郑单 2 号,白色 | 86.9 | 9.3 | 0.36 | 0.36 | — | 0.49 | 0.12 | 0.34 | 1.30 | 0.44 | 0.51 | 0.30 | 0.24 | 0.48 | 0.07 |
| 4-07-344 | 四川绵阳,黄玉米 | 88.0 | 8.9 | 0.31 | 0.33 | — | 0.40 | 0.11 | 0.27 | 0.98 | 0.38 | 0.40 | 0.28 | 0.21 | 0.44 | 0.07 |
| 4-07-382 | 河南洛阳,杂交玉米 | 87.9 | 8.7 | 0.27 | 0.33 | — | 0.51 | — | 0.37 | 1.21 | 0.39 | 0.50 | 0.26 | 0.23 | 0.37 | — |
| 4-07-383 | 湖北武昌,进口玉米 | 88.7 | 7.0 | 0.27 | 0.32 | 0.14 | 0.39 | 0.14 | 0.27 | 0.82 | 0.20 | 0.34 | 0.23 | 0.18 | 0.37 | — |
| 4-07-384 | 湖北 | 90.8 | 6.7 | 0.28 | 0.32 | — | 0.38 | 0.16 | 0.28 | 0.87 | 0.33 | 0.33 | 0.23 | 0.14 | 0.36 | — |
| 4-07-387 | 四川天全,单玉 6 号 | 88.0 | 7.3 | 0.27 | 0.30 | — | 0.37 | 0.09 | 0.25 | 0.84 | 0.31 | 0.31 | 0.25 | 0.20 | 0.39 | 0.07 |

摘自:《中国饲料成分及营养价值表》(1985)P232-235。

### 3. 玉米微量元素含量

表 1-4-7　玉米微量元素含量

| 样品简述 | 干物质(%) | 铁(mg/kg) | 铜(mg/kg) | 锰(mg/kg) | 锌(mg/kg) | 硒(mg/kg) |
|---|---|---|---|---|---|---|
| 浙江 | 87.8 | — | 2.5 | — | 1.4 | — |
| 吉林 | 88.8 | 39 | 1.9 | 7.1 | 29.7 | — |
| 北京 | 89.9 | 100 | 4.2 | 6.4 | 16.0 | <0.03(11) |
| 北京 | 89.6 | 94 | 4.6 | 5.4 | 18.0 | <0.03 |
| 宁夏 | 88.5 | 34 | 4.0 | 8.8 | 18.0 | — |
| 宁夏 | 88.5 | 75 | 10.0 | 8.3 | 23.0 | — |
| 北京,黄玉米 | 85.2 | 94 | 4.6 | 18.0 | 5.4 | — |
| 河北 | 风干 | 15 | 1.9 | 5.9 | 18.7 | 0.05 |
| 辽宁,白马牙 | 92.9 | 200 | 10.0 | 9.0 | 30.0 | 0.01 |
| 辽宁,黄玉米 | 91.6 | 30 | 3.0 | 6.0 | 20.0 | 0.03 |
| 黄玉米 | 88.0 | 35 | 3.4 | 4.1 | 10.4 | 0.04 |
| 白马牙 | 87.5 | 30 | 5.8 | 8.5 | 23.5 | — |
| 山西太谷、太原 | 风干 | — | — | — | — | <0.05 |
| 山西晋城、长治 | 风干 | — | — | — | — | <0.19 |
| 吉林,玉米面 | 87.0 | 105 | 4.6 | 12.5 | 28.9 | — |
| 山东,玉米面 | — | 41 | 2.0 | 6.0 | 25.0 | 0.06 |
| 内蒙古,玉米面 | — | — | 1.5 | 12.0 | 20.0 | — |
| 河南,玉米面 | — | — | 2.3 | 5.6 | 21.6 | — |
| 白,玉米片 | 90.0 | 70 | 13.3 | 13.9 | — | — |

摘自:《中国饲料成分及营养价值表》(1985)P270。

### 4. 玉米维生素含量

表 1-4-8 玉米维生素含量

| 样品简述 | 干物质（%） | 胡萝卜素（mg/kg） | 维生素 $B_1$（mg/kg） | 维生素 $B_2$（mg/kg） | 烟酸（mg/kg） | 泛酸（mg/kg） | 胆碱（mg/kg） | 叶酸（mg/kg） | 维生素 E（mg/kg） |
|---|---|---|---|---|---|---|---|---|---|
| 黄玉米 | 88.0 | 1.3 | 3.7 | 1.1 | 21.5 | 5.7 | 440 | 0.4 | 22.0 |
| 黄玉米 | 88.0 | 1.0 | 3.4 | 1.0 | 23.0 | — | — | — | — |
| 黄玉米 | 89.0 | 1.3 | 4.0 | 0.7 | 19.0 | — | — | — | — |
| 白玉米 | 88.0 | — | 3.5 | 0.9 | 21.0 | — | — | — | — |
| 白玉米 | 88.0 | — | 4.6 | 1.2 | 18.0 | — | — | — | — |
| 白玉米 | 88.7 | — | 2.3 | 1.3 | 17.0 | — | — | — | — |
| 红玉米 | 88.5 | — | 3.6 | 1.4 | 18.0 | — | — | — | — |
| 红玉米 | 89.5 | — | 6.3 | 1.6 | 16.0 | — | — | — | — |
| 玉米 | 86.5 | 4.8 | — | 1.3 | 26.6 | 5.8 | 624 | 0.2 | — |
| 北京、云南黄玉米 | 88.0 | 2.2 | — | — | — | — | — | — | — |
| 黄玉米糁渣 | 90.3 | — | 1.5 | 0.9 | 15.0 | — | — | — | — |
| 白玉米糁渣 | 89.4 | — | 2.1 | 0.7 | 19.0 | — | — | — | — |
| 黄玉米面 | 86.6 | 1.3 | 3.1 | 1.0 | 20.0 | — | — | — | — |
| 黄玉米面 | 87.0 | 1.1 | — | 0.9 | 16.0 | — | — | — | — |
| 白玉米面 | 87.2 | — | 3.5 | 0.9 | 25.0 | — | — | — | — |
| 白玉米片 | 90.0 | — | 9.7 | 2.2 | 46.4 | 7.3 | — | — | — |

摘自:《中国饲料成分及营养价值表》(1985)P285。

## 5. 玉米钙、磷及植酸磷含量

表 1-4-9 玉米钙、磷及植酸磷含量(%)

| 样品简述 | 干物质 | 钙 | 磷 | 植酸磷 |
|---|---|---|---|---|
| 四川,12 样品平均值 | 89.5 | 0.03 | 0.28 | 0.14 |
| 广东,6 样品平均值 | 风干 | 0.03 | 0.27 | 0.13 |
| 湖南,3 样品平均值 | 风干 | 0.02 | 0.32 | 0.20 |
| 湖北,2 样品平均值 | 风干 | 0.03 | 0.29 | 0.18 |
| 浙江,3 样品平均值 | 风干 | 0.03 | 0.26 | 0.14 |
| 山西,12 样品平均值 | 风干 | 0.04 | 0.25 | 0.17 |
| 黑龙江,2 样品平均值 | 风干 | 0.02 | 0.24 | 0.14 |
| 新疆,9 样品平均值 | 风干 | 0.04 | 0.24 | 0.17 |

摘自:《中国饲料成分及营养价值表》(1985)P295。

## 6. 猪对玉米的消化率

表 1-4-10 猪对玉米的消化率

| 饲料名称 | 样品特征 | 消化率(%) | | | |
|---|---|---|---|---|---|
| | | 粗蛋白质 | 粗脂肪 | 粗纤维 | 无氮浸出物 |
| 玉米 | 粗蛋白质:9.9%,粗纤维:3.2% | 68 | 70 | — | 89 |

摘自:《中国饲料成分及营养价值表》(1985)P304。

## 7. 鸡对玉米的能量代谢率

表 1-4-11 鸡对玉米的能量代谢率

| 饲料名称 | 样品特征 | 能量代谢率(%) |
|---|---|---|
| 玉米 | 粗蛋白质:10%,粗脂肪:3%,粗纤维 1% | 82.3 |
| 玉米 | 粗蛋白质:9%,粗纤维:2% | 83.8 |
| 玉米 | 粗蛋白质:10%,粗纤维:1% | 82.8 |

续表 1-4-11

| 饲料名称 | 样品特征 | 能量代谢率(%) |
|---|---|---|
| 玉米 | 粗蛋白质:10%,粗纤维:1% | 83.6 |
| 玉米 | 粗蛋白质:10%,粗纤维:1% | 83.9 |
| 玉米 | 粗蛋白质:10%,粗纤维:1%(用套算法测定) | 89.6 |
| 玉米 | 粗蛋白质:10%,粗纤维:1%(用联立法测定) | 85.3 |
| 玉米 | 粗蛋白质:10%,粗纤维:1% | 81.0 |

摘自:《中国饲料成分及营养价值表》(1985)P308。

## 1.5 国家攻关项目:饲料开发(75-5-5-1、75-5-5-5).1989[5]

### 1. 玉米样品简述、常规成分、猪消化能及淀粉含量

**表 1-5-1 玉米样品简述、常规成分、猪消化能及淀粉含量**

| 样品编号 | 饲料样品实体简述 | 干物质(%) | 粗蛋白质(%) | 粗纤维(%) | 粗脂肪(%) | 无氮浸出物(%) | 粗灰分(%) | 猪消化能(Mcal/kg) | 淀粉(%) |
|---|---|---|---|---|---|---|---|---|---|
| 1 | 北方春播,吉林省农科院,吉单 109,马牙,GB 1,黄色 | 85.41 | 9.25 | 2.33 | 3.80 | 68.69 | 1.34 | 3.78 | 60.40 |
| 2 | 北方春播,吉林省农科院,吉单 112,马牙,GB 1,黄色 | 87.72 | 8.78 | 2.49 | 3.47 | 71.86 | 1.12 | 3.87 | 60.03 |
| 3 | 北方春播,吉林省农科院,吉单 113,马牙、角质,GB 1,黄色 | 85.59 | 9.13 | 2.02 | 3.59 | 69.77 | 1.08 | 3.84 | 60.84 |
| 4 | 北方春播,吉林省农科院,吉单 116,马牙、角质,GB 1,黄色 | 88.99 | 9.73 | 2.24 | 3.06 | 72.72 | 1.23 | 3.79 | 63.05 |
| 5 | 北方春播,吉林省农科院,吉单 118,马牙,GB 1,黄色 | 87.61 | 8.28 | 1.99 | 3.78 | 71.71 | 1.85 | 3.65 | 58.63 |
| 6 | 北方春播,吉林省农科院,吉单 119,马牙,GB 1,黄色 | 87.07 | 9.29 | 2.07 | 4.02 | 70.54 | 1.15 | 3.58 | 63.62 |
| 7 | 北方春播,吉林省农科院,伊敏烈斯基,马牙,GB 1,黄色 | 88.57 | 11.30 | 2.10 | 4.56 | 69.29 | 1.38 | 3.46 | 61.68 |
| 8 | 北方春播,吉林省农科院,吉 817×M14,马牙、角质,GB 1,黄色 | 88.18 | 9.92 | 2.51 | 4.41 | 70.09 | 1.25 | 3.60 | 63.17 |

续表 1-5-1

| 样品编号 | 饲料样品实体简述 | 干物质(%) | 粗蛋白质(%) | 粗纤维(%) | 粗脂肪(%) | 无氮浸出物(%) | 粗灰分(%) | 猪消化能(Mcal/kg) | 淀粉(%) |
|---|---|---|---|---|---|---|---|---|---|
| 9 | 北方春播,吉林省农科院,大风 72×M14,角质、圆小粒,GB 1,黄色 | 87.79 | 12.01 | 2.28 | 5.43 | 66.46 | 1.61 | 3.46 | 56.49 |
| 10 | 北方春播,吉林省农科院,海里红 84-100,马牙,GB 1,红色 | 88.10 | 11.26 | 1.85 | 4.86 | 68.66 | 1.53 | 3.63 | 61.76 |
| 11 | 北方春播,吉林省农科院,薄地罼 84-100,马牙,GB 1,黄色 | 88.05 | 10.03 | 1.77 | 3.69 | 71.10 | 1.46 | 3.31 | 62.71 |
| 12 | 北方春播,吉林省农科院,Q190×桦 94×大黄 46,角质,GB 1,黄色 | 88.77 | 8.24 | 2.07 | 5.00 | 72.17 | 1.29 | 3.43 | 63.74 |
| 13 | 北方春播,吉林省农科院,LH119×LMH0,马牙,GB 1,黄色 | 88.32 | 10.35 | 2.13 | 4.92 | 69.38 | 1.54 | 3.40 | 63.65 |
| 14 | 北方春播,吉林省农科院,大白马牙,马牙,GB 1,白色 | 88.61 | 12.43 | 1.87 | 4.76 | 68.07 | 1.48 | 3.47 | 58.81 |
| 15 | 北方春播,吉林省农科院,大平原(84-180),硬粒、角质,GB 1,黄色 | 89.30 | 11.06 | 1.89 | 5.16 | 69.71 | 1.48 | 3.47 | 63.20 |
| 16 | 北方春播,吉林省农科院,NSSC70. 84-169,马牙,GB 1,黄色 | 87.75 | 10.83 | 2.23 | 3.46 | 69.79 | 1.44 | 3.52 | 60.79 |
| 17 | 北方春播,吉林省农科院,B73-LH98. 84-237,马牙,GB 1,黄色 | 88.17 | 9.45 | 1.97 | 3.68 | 71.68 | 1.21 | 3.55 | 63.69 |
| 18 | 北方春播,吉林省农科院,麦钰,GB 2 | 88.50 | 12.85 | 1.97 | 3.53 | 68.08 | 1.58 | 3.34 | 58.53 |
| 19 | 北方春播,吉林省农科院,B73-Va22,马牙,GB 1,黄色 | 87.96 | 10.95 | 1.66 | 3.95 | 69.99 | 1.41 | 3.67 | 63.24 |
| 20 | 北方春播,黑龙江省富拉尔基,嫩单 5 号,硬粒、马牙,GB 2,黄色 | 88.60 | 8.38 | 1.82 | 3.75 | 73.34 | 1.31 | 3.41 | 64.57 |
| 21 | 北方春播,哈尔滨市东北农学院,龙单 2 号,圆粒、角质,GB 2,黄色 | 87.64 | 10.20 | 1.84 | 5.36 | 68.99 | 1.25 | 3.31 | 60.80 |
| 22 | 北方春播,哈尔滨市东北农学院,东农 246,硬粒、角质,GB 1,黄色 | 87.70 | 10.53 | 1.63 | 4.11 | 69.96 | 1.47 | 3.60 | 63.47 |
| 23 | 北方春播,哈尔滨市东北农学院,东农 46×237Ⅱ,硬小圆粒、角质,GB 1,黄色 | 87.35 | 9.17 | 2.00 | 4.89 | 69.53 | 1.82 | 3.53 | 61.88 |
| 24 | 北方春播,辽宁省铁岭农科所,7922×旅 9 宽,马牙,GB 1,黄色 | 87.77 | 9.09 | 2.05 | 5.09 | 70.16 | 1.38 | 3.65 | 60.66 |
| 25 | 北方春种,辽宁省铁岭农科所,7945×5007,马牙,GB 1,黄色 | 85.26 | 9.45 | 2.12 | 4.95 | 67.42 | 1.32 | 3.31 | 62.81 |
| 26 | 北方春种,呼和浩特左旗,吉双 4 号,硬粒、马牙,GB 2,黄色 | 87.65 | 8.93 | 2.36 | 3.91 | 71.04 | 1.41 | 3.40 | 62.49 |
| 27 | 黄淮海套复夏播,河南省洛阳市,陕单 9 号,硬粒,GB 1,黄色 | 88.53 | 10.11 | 2.15 | 2.83 | 72.02 | 1.42 | 3.52 | 63.88 |
| 28 | 黄淮海套复夏播,山东省历城,烟单 14 号,硬粒,GB 1,黄色 | 87.40 | 11.04 | 1.89 | 3.04 | 70.07 | 1.36 | 3.50 | 62.84 |
| 29 | 西北灌溉,新疆乌鲁木齐农科院,1072,硬粒,GB 1,黄色 | 89.35 | 7.84 | 2.00 | 3.63 | 74.82 | 1.06 | 3.41 | 64.68 |

续表 1-5-1

| 样品编号 | 饲料样品实体简述 | 干物质(%) | 粗蛋白质(%) | 粗纤维(%) | 粗脂肪(%) | 无氮浸出物(%) | 粗灰分(%) | 猪消化能(Mcal/kg) | 淀粉(%) |
|---|---|---|---|---|---|---|---|---|---|
| 30 | 北方春播,宁夏农科院,宁单 4 号,圆硬粒,GB 1,黄色 | 88.16 | 10.75 | 2.37 | 4.55 | 68.76 | 1.73 | 3.45 | 61.06 |
| 31 | 北方春播,山西农大,祁县玉米,马牙,GB 1,黄色 | 87.94 | 8.33 | 2.00 | 2.97 | 73.62 | 1.02 | 3.36 | 64.10 |
| 32 | 南方丘陵,合肥市郊,皖单 2 号,马牙,GB 1,红色 | 86.25 | 9.12 | 2.32 | 4.47 | 68.85 | 1.49 | 3.31 | 61.12 |
| 33 | 南方丘陵,湖南省永顺,湘西白玉米,粉质,GB 3,白色 | 87.02 | 7.23 | 2.11 | 4.12 | 72.44 | 1.12 | 3.24 | 64.67 |
| 34 | 北方春播,吉林省范家屯粮库,马牙,GB 2,黄色 | 86.15 | 9.56 | 2.09 | 3.66 | 69.57 | 1.27 | 2.88 | 66.39 |
| 35 | 黄淮海套复夏播,山东省济南农科院,烟单 14 号,硬粒,GB 1,黄色 | 88.31 | 10.67 | 1.95 | 3.77 | 70.70 | 1.22 | 3.26 | 65.46 |
| 36 | 北方春播,黑龙江省双城粮库,粉质,等外,黄色 | 91.25 | 8.74 | 2.36 | 4.31 | 74.58 | 1.26 | 3.12 | 65.48 |
| 37 | 北方春播,吉林省德惠县粮库,马牙、角质,GB 2,黄色 | 91.08 | 9.57 | 2.23 | 3.88 | 74.23 | 1.17 | 3.16 | 65.62 |
| 38 | 北方春播,哈尔滨顾乡粮库,粉质,等外,黄色 | 91.46 | 8.11 | 2.11 | 4.55 | 75.51 | 1.18 | 3.13 | 65.60 |
| 39 | 北方春播,公主岭粮库,马牙、角质,GB 2,黄色 | 87.47 | 9.38 | 1.99 | 4.05 | 70.93 | 1.12 | 3.02 | 63.56 |
| 40 | 北方春播,公主岭粮库,马牙、角质,GB 2,黄色 | 87.82 | 9.39 | 2.15 | 3.40 | 71.68 | 1.20 | 3.05 | 64.87 |
| 41 | 北方春播,辽宁省风城丹东市农科所,丹育 13 号,硬粒,GB 1,黄色 | 87.29 | 10.09 | 1.90 | 2.99 | 71.01 | 1.30 | 3.18 | 63.00 |
| 42 | 北方春播,黑龙江省友谊县红兴隆农科所,红丰 7 号,硬粒,GB 1,黄色 | 89.73 | 10.43 | 2.08 | 4.35 | 71.45 | 1.42 | 2.94 | 61.80 |
| 43 | 北方春播,黑龙江省友谊县红兴隆农科所,红冷饲-12,马牙,GB 1,黄色 | 90.31 | 10.39 | 2.54 | 4.16 | 71.79 | 1.43 | 3.00 | 62.65 |
| 44 | 北方春播,黑龙江省友谊县红兴隆农科所,红三-1,硬粒,GB 1,黄色 | 89.85 | 10.06 | 2.05 | 4.46 | 71.90 | 1.38 | 3.11 | 62.87 |
| 45 | 北方春播,辽宁省铁岭市粮库,马牙,GB 1,黄色 | 89.07 | 8.71 | 2.59 | 3.76 | 72.84 | 1.17 | 3.25 | 66.13 |
| 46 | 北方春播,辽宁省昌图县粮库,马牙,GB 1,黄色 | 87.44 | 8.73 | 2.06 | 3.16 | 72.28 | 1.21 | 3.06 | 64.74 |
| 47 | 西南山地套种,四川省三台县灵兴乡,高赖氨酸玉米,粉质,GB 1,白色 | 86.72 | 7.72 | 2.00 | 4.04 | 71.95 | 1.01 | 3.22 | 62.74 |
| 48 | 黄淮海套复夏播,洛阳市宜阳县,丹育 13 号,马牙、硬粒,GB 1,黄色 | 88.87 | 8.74 | 2.15 | 3.41 | 73.17 | 1.40 | 3.25 | 64.23 |
| 49 | 黄淮海套复夏播,河北省清苑县,保育 1 号,角质,GB 1,浅黄色 | 88.48 | 9.57 | 2.15 | 3.24 | 72.18 | 1.34 | 3.26 | 61.63 |
| 50 | 黄淮海套复夏播,河北省清苑县,辽育 1 号,角质,GB 1,浅黄色 | 88.74 | 8.98 | 1.73 | 3.92 | 72.83 | 1.28 | 3.82 | 62.81 |

注:后表的样品编号及饲料样品实体简述沿用此表,不再赘述;GB 推测应为 GB 10363—1989。

摘自:中国农业科学院畜牧研究所(1989)科研档案“七五”饲料数据卡第 67 册,4-07 玉米,下同。

### 2. 玉米氨基酸含量

表 1-5-2　玉米氨基酸含量(%)

| 样品编号 | 干物质 | 苏氨酸 | 胱氨酸 | 缬氨酸 | 蛋氨酸 | 异亮氨酸 | 亮氨酸 | 苯丙氨酸 | 赖氨酸 | 组氨酸 | 精氨酸 |
|---|---|---|---|---|---|---|---|---|---|---|---|
| 1 | 85.41 | 0.31 | — | 0.48 | 0.18 | 0.32 | 1.11 | 0.53 | 0.24 | 0.22 | 0.41 |
| 2 | 87.72 | 0.31 | — | 0.46 | 0.13 | 0.27 | 1.01 | 0.55 | 0.23 | 0.25 | 0.38 |
| 3 | 85.59 | 0.31 | — | 0.46 | 0.18 | 0.29 | 1.11 | 0.58 | 0.23 | 0.23 | 0.36 |
| 4 | 88.99 | 0.32 | — | 0.47 | 0.15 | 0.34 | 1.24 | 0.62 | 0.23 | 0.24 | 0.37 |
| 5 | 87.61 | 0.28 | — | 0.42 | 0.16 | 0.26 | 1.00 | 0.53 | 0.21 | 0.20 | 0.36 |
| 6 | 87.07 | 0.31 | — | 0.46 | 0.17 | 0.33 | 1.13 | 0.59 | 0.24 | 0.23 | 0.38 |
| 7 | 88.57 | 0.38 | — | 0.54 | 0.20 | 0.39 | 1.45 | 0.69 | 0.29 | 0.26 | 0.44 |
| 8 | 88.18 | 0.34 | — | 0.49 | 0.18 | 0.34 | 1.21 | 0.62 | 0.26 | 0.29 | 0.42 |
| 9 | 87.79 | 0.42 | — | 0.58 | 0.23 | 0.38 | 1.49 | 0.70 | 0.30 | 0.29 | 0.47 |
| 10 | 88.10 | 0.42 | — | 0.52 | 0.14 | 0.36 | 1.45 | 0.69 | 0.27 | 0.26 | 0.45 |
| 11 | 88.05 | 0.34 | — | 0.49 | 0.16 | 0.32 | 1.23 | 0.64 | 0.27 | 0.25 | 0.44 |
| 12 | 88.77 | 0.30 | — | 0.43 | 0.14 | 0.26 | 0.90 | 0.53 | 0.26 | 0.23 | 0.38 |
| 13 | 88.32 | 0.36 | — | 0.50 | 0.15 | 0.33 | 1.28 | 0.64 | 0.27 | 0.27 | 0.42 |
| 14 | 88.61 | 0.42 | — | 0.59 | 0.16 | 0.40 | 1.68 | 0.75 | 0.28 | 0.29 | 0.47 |
| 15 | 89.30 | 0.39 | — | 0.55 | 0.18 | 0.41 | 1.34 | 0.69 | 0.31 | 0.28 | 0.49 |
| 16 | 87.75 | 0.37 | — | 0.52 | 0.14 | 0.35 | 1.40 | 0.69 | 0.25 | 0.27 | 0.43 |
| 17 | 88.17 | 0.32 | — | 0.44 | 0.15 | 0.33 | 1.18 | 0.57 | 0.24 | 0.22 | 0.38 |

续表 1-5-2

| 样品编号 | 干物质 | 苏氨酸 | 胱氨酸 | 缬氨酸 | 蛋氨酸 | 异亮氨酸 | 亮氨酸 | 苯丙氨酸 | 赖氨酸 | 组氨酸 | 精氨酸 |
|---|---|---|---|---|---|---|---|---|---|---|---|
| 18 | 88.50 | 0.41 | — | 0.59 | 0.18 | 0.45 | 1.76 | 0.78 | 0.27 | 0.29 | 0.46 |
| 19 | 87.96 | 0.43 | — | 0.51 | 0.16 | 0.35 | 1.41 | 0.68 | 0.25 | 0.26 | 0.41 |
| 20 | 88.60 | 0.29 | — | 0.41 | 0.14 | 0.26 | 1.01 | 0.58 | 0.23 | 0.21 | 0.36 |
| 21 | 87.64 | 0.35 | — | 0.51 | 0.16 | 0.33 | 1.28 | 0.63 | 0.25 | 0.26 | 0.40 |
| 22 | 87.70 | 0.36 | — | 0.50 | 0.19 | 0.33 | 1.32 | 0.67 | 0.26 | 0.25 | 0.42 |
| 23 | 87.35 | 0.32 | — | 0.46 | 0.20 | 0.29 | 1.07 | 0.56 | 0.25 | 0.24 | 0.42 |
| 24 | 87.77 | 0.31 | — | 0.44 | 0.16 | 0.29 | 1.05 | 0.59 | 0.25 | 0.22 | 0.41 |
| 25 | 85.26 | 0.33 | — | 0.48 | 0.16 | 0.31 | 1.10 | 0.59 | 0.25 | 0.26 | 0.41 |
| 26 | 87.65 | 0.31 | — | 0.48 | 0.16 | 0.28 | 1.06 | 0.59 | 0.25 | 0.23 | 0.36 |
| 27 | 88.53 | 0.36 | — | 0.50 | 0.14 | 0.32 | 1.22 | 0.64 | 0.26 | 0.26 | 0.41 |
| 28 | 87.40 | 0.38 | — | 0.52 | 0.19 | 0.35 | 1.39 | 0.67 | 0.27 | 0.27 | 0.43 |
| 29 | 89.35 | 0.28 | — | 0.40 | 0.11 | 0.25 | 0.91 | 0.53 | 0.23 | 0.21 | 0.35 |
| 30 | 88.16 | 0.37 | — | 0.51 | 0.17 | 0.34 | 1.32 | 0.65 | 0.27 | 0.28 | 0.43 |
| 31 | 87.94 | 0.29 | — | 0.44 | 0.13 | 0.30 | 0.95 | 0.55 | 0.24 | 0.22 | 0.34 |
| 32 | 86.25 | 0.32 | — | 0.46 | 0.15 | 0.28 | 1.03 | 0.58 | 0.26 | 0.24 | 0.43 |
| 33 | 87.02 | 0.24 | — | 0.35 | 0.11 | 0.26 | 0.92 | 0.45 | 0.17 | 0.19 | 0.28 |
| 平均值 | 87.79 | 0.34 | — | 0.48 | 0.16 | 0.32 | 1.21 | 0.61 | 0.25 | 0.25 | 0.41 |

### 3. 玉米矿物质含量

表 1-5-3　玉米矿物质含量

| 样品编号 | 干物质（%） | 钙（%） | 磷（%） | 钾（%） | 钠（%） | 镁（%） | 硫（%） | 铁（mg/kg） | 铜（mg/kg） | 钴（mg/kg） | 锰（mg/kg） | 锌（mg/kg） | 硒（mg/kg） | 钼（mg/kg） |
|---|---|---|---|---|---|---|---|---|---|---|---|---|---|---|
| 2 | 87.7 | 0.01 | 0.37 | 0.34 | 0.01 | 0.16 | 0.12 | 53 | 2.1 | — | 6.4 | 24.3 | 0.01 | 0.59 |
| 3 | 85.6 | 0.01 | 0.27 | 0.26 | 0.01 | 0.11 | 0.1 | 54 | 1.4 | — | 6.8 | 15.4 | 0.02 | 0.6 |
| 4 | 88.9 | 0.01 | 0.35 | 0.34 | 0.01 | 0.11 | 0.11 | 49 | 1.6 | — | 5.5 | 19.3 | 0.02 | 0.76 |
| 5 | 87.6 | 0.01 | 0.26 | 0.27 | 0.01 | 0.11 | 0.11 | 52 | 1.3 | — | 6.5 | 17.2 | 0.02 | 0.55 |
| 6 | 87.1 | 0.01 | 0.45 | 0.32 | 0.01 | 0.15 | 0.14 | 54 | 2.3 | — | 9.5 | 24.7 | 0.01 | 0.62 |
| 7 | 88.6 | 0.01 | 0.27 | 0.28 | 0.01 | 0.1 | 0.1 | 40 | 2.1 | — | 5.6 | 15.6 | 0.02 | 0.61 |
| 8 | 88.2 | 0.01 | 0.3 | 0.26 | 0.01 | 0.12 | 0.12 | 63 | 1.3 | — | 7.1 | 17.6 | 0.03 | 0.69 |
| 9 | 87.8 | 0.01 | 0.29 | 0.25 | 0.01 | 0.11 | 0.11 | 64 | 1.6 | — | 7.6 | 17.9 | 0.02 | 0.66 |
| 10 | 88.1 | 0.01 | 0.23 | 0.32 | 0.01 | 0.09 | 0.12 | 42 | 2.1 | — | 6.1 | 19.2 | 0.01 | 0.85 |
| 12 | 88.8 | — | — | 0.28 | 0.01 | — | — | — | — | — | — | — | — | — |
| 46 | 87.0 | — | — | 0.32 | 0.01 | — | — | — | — | — | — | — | — | — |
| 33 | 87.8 | 0.14 | 0.36 | 0.36 | 0.01 | — | — | 50 | 1.9 | 0.9 | 2.5 | 21.9 | — | — |
| 47 | 87.7 | 0.16 | 0.26 | 0.33 | 0.01 | — | — | 133 | 3.8 | 2.5 | 1.8 | 22.6 | — | — |

## 1.6 郑长义.1983. 饲料图鉴与品质管制[6]

### 1. 养鸡饲料成分表及氨基酸含量

表 1-6-1 养鸡饲料成分表

| 干物质(%) | 能量(kcal/kg) | | 粗蛋白质(%) | 粗脂肪(%) | 粗纤维(%) | 钙(%) | 磷(%) | 钾(%) | 氯(%) | 铁(%) | 镁(%) | 锰(mg/kg) | 钠(%) | 硫(%) | 铜(mg/kg) | 硒(mg/kg) | 锌(mg/kg) |
|---|---|---|---|---|---|---|---|---|---|---|---|---|---|---|---|---|---|
| | 代谢 | 生产 | | | | | | | | | | | | | | | |
| 89 | 3430 | 2520 | 8.8 | 3.8 | 2.2 | 0.02 | 0.28 | 0.30 | 0.04 | 0.035 | 0.12 | 5.0 | 0.02 | 0.08 | 3.2 | 0.03 | 10 |

| 生物素(mg/kg) | 胆碱(mg/kg) | 叶酸(mg/kg) | 烟酸(mg/kg) | 泛酸(mg/kg) | 吡哆醇(维生素 $B_6$)(mg/kg) | 维生素 $B_2$(mg/kg) | 维生素 $B_1$(mg/kg) | 维生素 $B_{12}$(mg/kg) | 维生素 E(mg/kg) |
|---|---|---|---|---|---|---|---|---|---|
| 0.06 | 620 | 0.4 | 24 | 4 | 7.0 | 1.0 | 3.5 | — | 22 |

摘自:《饲料图鉴与品质管制》(1983)P204-207。

表 1-6-2 养鸡饲料的氨基酸含量(%)

| 干物质 | 粗蛋白质 | 精氨酸 | 甘氨酸 | 丝氨酸 | 组氨酸 | 异亮氨酸 | 亮氨酸 | 赖氨酸 | 蛋氨酸 | 胱氨酸 | 苯丙氨酸 | 酪氨酸 | 苏氨酸 | 色氨酸 | 缬氨酸 |
|---|---|---|---|---|---|---|---|---|---|---|---|---|---|---|---|
| 89 | 8.8 | 0.50 | 0.37 | 0.40 | 0.20 | 0.37 | 1.10 | 0.24 | 0.20 | 0.15 | 0.47 | 0.45 | 0.39 | 0.09 | 0.52 |

摘自:《饲料图鉴与品质管制》(1983)P212。

### 2. 养猪饲料成分表

表 1-6-3 养猪饲料成分表(%)

| 干物质 | 粗蛋白质 | 粗脂肪 | 粗纤维 | 无氮浸出物 | 粗灰分 | 钙 | 磷 | 总可消化养分 |
|---|---|---|---|---|---|---|---|---|
| 86.3 | 8.9 | 4.2 | 1.8 | 69.8 | 1.6 | 0.03 | 0.28 | 81.3 |

摘自:《饲料图鉴与品质管制》(1983)P214。

### 3. 养牛饲料成分表

表 1-6-4 养牛饲料成分表(%)

| 干物质 | 粗蛋白质 | 粗纤维 | 总可消化养分 | 钙 | 磷 |
|---|---|---|---|---|---|
| 85.40 | 8.88 | 1.60 | 81.00 | 0.02 | 0.27 |

摘自:《饲料图鉴与品质管制》(1983)P215。

注:本小节饲料原料均为“黄玉米”。

# 2 国外部分资料

## 2.1 德国资料

### 2.1.1 Oskar Johann Kellner(凯尔纳).家畜饲养用诸表(增订本).泽村真,译(1943)[7]

1. 玉米样品属性描述、常规成分、可消化养分、淀粉价、可消化纯蛋白质及百基中的淀粉价

表 2-1-1 样品属性描述、常规成分、可消化养分、淀粉价、可消化纯蛋白质和百基中的淀粉价

| 样品属性描述 | 干物质(%) | 常规成分(%) | | | | 可消化养分(%) | | | | 淀粉价(当量) | 可消化纯蛋白质(%) | 百基中的淀粉价(当量) |
|---|---|---|---|---|---|---|---|---|---|---|---|---|
| | | 粗蛋白质 | 粗脂肪 | 无氮浸出物 | 粗纤维 | 粗蛋白质 | 粗脂肪 | 无氮浸出物 | 粗纤维 | | | |
| 玉米(玉蜀黍平均) | 87.0 | 9.9 | 4.4 | 69.2 | 2.2 | 7.1 | 3.9 | 65.7 | 1.3 | 100 | 6.6 | 81.5 |
| 玉米,美国种(米國種) | 87.0 | 10.0 | 5.0 | 68.3 | 2.2 | 7.2 | 4.5 | 64.9 | 0.9 | 100 | 6.7 | 81.6 |
| 玉米,硬质(flint)(玉蜀黍フリント、コルン) | 87.0 | 10.2 | 4.8 | 68.9 | 1.7 | 7.3 | 4.3 | 65.5 | 0.8 | 100 | 6.8 | 81.8 |
| 甜玉米(玉蜀黍,スヰｰト、コルン) | 87.0 | 11.5 | 7.8 | 63.0 | 2.9 | 8.5 | 7.0 | 59.7 | 1.0 | 100 | 7.9 | 82.9 |

注:样品属性描述中括号内文字为原文,下同。

摘自:《家畜饲养用诸表》(增订本)(1943)P29。

2. 玉米养分的消化率

表 2-1-2 玉米养分的消化率

| 畜种 | 实验动物(头) | 试验次数(次) | 玉米养分消化率(%) | | | | |
|---|---|---|---|---|---|---|---|
| | | | 有机物 | 粗蛋白质 | 粗脂肪 | 无氮浸出物 | 粗纤维 |
| 反刍动物 | 9 | 23 | 83～94(90) | 58～84(72) | 81～99(89) | 87～100(95) | 46～100(58) |
| 马 | 2 | 2 | 86～91(89) | 75～78(76) | 59～63(61) | 90～94(93) | 40～100(40) |
| 猪 | 6 | 9 | (91) | (84) | (74) | (94) | (41) |

注:括号中的数值为平均值。

摘自:《家畜饲养用诸表》(增订本)(1943)P64、73、75。

### 3. 玉米中蛋白氮及非蛋白氮含量

表 2-1-3　玉米中蛋白氮及非蛋白氮含量(%)

| 饲料 | 固形物中氮所占含量 | | | 氮所占百分比 | |
|---|---|---|---|---|---|
| | 全量 | 蛋白氮 | 非蛋白质氮 | 蛋白氮 | 非蛋白质氮 |
| 玉米(玉蜀黍) | 1.70～2.43(1.900) | 1.61～2.10(1.770) | 0～0.33(0.130) | 85.6～100(93.3) | 0～14.4(6.7) |

注:括号中的数值为平均值。

摘自:《家畜饲养用诸表》(增订本)(1943)P87。

## 2.1.2 Oskar Johann Kellner(凯尔纳).1908.农畜饲养学.刘运筹,等译(1935)[8]

### 1. 玉米营养成分消化率及淀粉当量

表 2-1-4　玉米营养成分消化率及淀粉当量

| 样品属性描述 | 水分(%) | 常规成分(%) | | | | | 可消化养分(%) | | | | 价值(全值等于100) | 可消化的部分(%) | 百基中的淀粉价(当量) |
|---|---|---|---|---|---|---|---|---|---|---|---|---|---|
| | | 粗蛋白质 | 粗脂肪 | 无氮浸出物 | 粗纤维 | 粗灰分 | 粗蛋白质 | 粗脂肪 | 无氮浸出物 | 粗纤维 | | | |
| 中粒 | 13.0 | 9.9 | 4.4 | 69.2 | 2.2 | 1.3 | 7.1 | 3.9 | 65.7 | 1.3 | 100 | 6.6 | 81.5 |
| 美国马齿种 | 13.0 | 10.0 | 5.0 | 68.3 | 2.2 | 1.5 | 7.2 | 4.5 | 64.9 | 0.9 | 100 | 6.7 | 81.6 |
| 美国硬粒种 | 13.0 | 10.2 | 4.8 | 68.9 | 1.7 | 1.4 | 7.3 | 4.3 | 65.5 | 0.8 | 100 | 6.8 | 81.8 |
| 美国甘味种 | 13.0 | 11.5 | 7.8 | 63.0 | 2.9 | 1.8 | 8.5 | 7.0 | 59.7 | 1.0 | 100 | 7.9 | 82.9 |

摘自:《农畜饲养学》(1935)P246。

### 2. 玉米养分的消化率

表 2-1-5　玉米养分的消化率

| 畜种 | 实验动物(头) | 试验次数(次) | 饲料养分消化率(%) | | | | |
|---|---|---|---|---|---|---|---|
| | | | 有机物 | 粗蛋白质 | 粗脂肪 | 无氮浸出物 | 粗纤维 |
| 反刍动物 | 9 | 23 | 83～94(90) | 58～84(72) | 81～99(89) | 87～100(95) | 46～100(58) |
| 马 | 2 | 2 | 86～91(89) | 75～78(76) | 59～63(61) | 90～94(92) | 40～100(40) |
| 猪 | 6 | 9 | (91) | (84) | (74) | (94) | (41) |

注:括号中的数均为平均值。

摘自:《农畜饲养学》(1935)P264、271、273。

### 2.1.3 M. Beyer, et al. 2003. 德国罗斯托克饲料评价体系. 赵广永, 译(2008)[9]

#### 1. 牛饲料表格

表 2-1-6 牛饲料表格

| 饲料原料 | | 饲料价值 | | | | | | 粗略营养成分 | | | | | | | | 消化率 | | | | | |
|---|---|---|---|---|---|---|---|---|---|---|---|---|---|---|---|---|---|---|---|---|---|
| 饲料名称 | 饲料描述 | DM | 在 DM 中 | | | 在 OM 中 | | 在 DM 中 | | | | | | | | | | | | | |
| | | | NERc | dCP | PEQ | NERc | dCP | CP | CF | ST | SU | NFR | Ash | P | Ca | E | OM | CP | CF | ST SU | NFR |
| | | % | % | MJ/kg | % | g/MJ | MJ/kg | % | % | % | % | % | % | % | % | % | % | % | % | % | % |
| 干玉米籽实 | — | 87.0 | 8.92 | 7.8 | 9 | 7.76 | 6.8 | 10.7 | 4.7 | 70.0 | 2.2 | 10.7 | 1.7 | 0.32 | 0.03 | 86 | 90 | 73 | 85 | 97 | 60 |

注:DM=干物质;OM=原料;NERc=牛饲料能量价值;dCP=可消化粗蛋白质;PEQ=蛋白质-能量-商(可消化粗蛋白(g)/沉积净能(MJ));CP=粗蛋白质;CF=粗纤维;ST=淀粉;SU=糖;NFR=无氮残留物,计算公式为 NFR=DM−(CP+CF+ST+SU+Ash);Ash=粗灰分;P=磷;Ca=钙;E=能量(能量消化率=可消化能/总能×100%)。另外,在罗斯托克饲料评价体系中,饲料能量价值的科学计量单位是 1 kJ 沉积净能(NER),其定义为:在标准状况下,一定数量饲料或营养成分,如果具有在动物体内沉积 1 kJ 体能的潜力,则其饲料能量价值为 1 kJ NER,下同。

摘自:《德国罗斯托克饲料评价体系》(2008)P70-71。

#### 2. 猪饲料表格

表 2-1-7 猪饲料表格

| 饲料原料 | | 饲料价值 | | | | | | | 粗略营养成分 | | | | | | | | 消化率 | | | | | |
|---|---|---|---|---|---|---|---|---|---|---|---|---|---|---|---|---|---|---|---|---|---|---|
| 饲料名称 | 饲料描述 | DM | 在 DM 中 | | 可消化氨基酸 | | 在 OM 中 | | CP | CF | ST | SU | NFR | Ash | 氨基酸 | | E | OM | CP | CF | ST SU | NFR |
| | | | NERp | dCP | dLys | dMet+dCys | NERp | dCP | | | | | | | Lys | Met+Cys | | | | | | |
| | | % | % | MJ/kg | % | g/MJ | MJ/kg | % | % | % | % | % | % | % | % | % | % | % | % | % | % | % |
| 玉米籽实 | 干燥 | 87.0 | 11.43 | 8.5 | 0.25 | 0.42 | 9.95 | 7.4 | 10.7 | 4.7 | 70.0 | 2.2 | 10.7 | 1.7 | 0.32 | 0.53 | 86 | 89 | 79 | 75 | 98 | 46 |
| 玉米籽实 | 青贮 | 65.0 | 11.12 | 8.8 | 0.26 | 0.43 | 7.23 | 5.7 | 11.0 | 5.0 | 65.0 | 0.2 | 16.8 | 2.0 | 0.33 | 0.54 | 84 | 88 | 80 | 60 | 98 | 61 |

注:NERp=猪饲料能量价值;dLys=可消化赖氨酸;dMet=可消化蛋氨酸;dCys=可消化胱氨酸;Met=蛋氨酸;Cys=胱氨酸,其余同上表表注。

摘自:《德国罗斯托克饲料评价体系》(2008)P100-101。

**3. 禽饲料表格**

**表 2-1-8 禽饲料表格**

| 饲料原料 | | 饲料价值 | | | | | | | 粗略营养成分 | | | | | | | | 消化率 | | | | | |
|---|---|---|---|---|---|---|---|---|---|---|---|---|---|---|---|---|---|---|---|---|---|---|
| | | | 在 DM 中 | | 可消化氨基酸 | | 在 OM 中 | | | | | | | | 氨基酸 | | | | | | | |
| 饲料名称 | 饲料描述 | DM | NERf | dCP | dLys | dMet+dCys | NERf | dCP | CP | CF | ST | SU | NFR | Ash | Lys | Met+Cys | E | OM | CP | CF | ST SU | NFR |
| | | % | % | MJ/kg | % | g/MJ | MJ/kg | % | % | % | % | % | % | % | % | % | % | % | % | % | % | % |
| 玉米粒 | 干燥 | 87.0 | 11.71 | 8.8 | 0.26 | 0.43 | 10.18 | 7.6 | 10.7 | 4.7 | 70.0 | 2.2 | 10.7 | 1.7 | 0.32 | 0.53 | 86 | 87 | 82 | 75 | 97 | 27 |

注:NERf = 禽饲料能量价值,其余同上表表注。

摘自:《德国罗斯托克饲料评价体系》(2008)P116-117。

## 2.2 法国资料

### 2.2.1 Daniel Sauvant(INRA),et al. 2002. 饲料成分及营养价值表. 谯仕彦,等译(2005)[10]

**1. 主要成分含量**

**表 2-2-1 主要成分含量(%)**

| 饲料名称 | 拉丁文 | 样品描述 | 干物质 | | 粗蛋白质 | | 粗纤维 | | 粗脂肪 | | 粗脂肪(水解) | | 粗灰分 | | 不溶性粗灰分 | | 中性洗涤纤维 | |
|---|---|---|---|---|---|---|---|---|---|---|---|---|---|---|---|---|---|---|
| | | | 平均值 | 标准差 | 平均值 | 标准差 | 平均值 | 标准差 | 平均值 | 标准差 | 平均值 | 标准差 | 平均值 | 标准差 | 平均值 | 标准差 | 平均值 | 标准差 |
| 玉米(Maize) | *Zea mays* L. | ($n$=2634)。同义词(北美):corn,反刍动物使用的膨化玉米、挤压玉米、制片玉米、高水分玉米和制粒玉米 | 86.4 | 1.1 | 8.1 | 0.7 | 2.2 | 0.4 | 3.7 | 0.4 | | | 1.2 | 0.1 | 0.0 | 0.1 | 10.4 | 1.5 |

| 饲料名称 | 酸性洗涤纤维 | | 酸性洗涤木质素 | | 水不溶性细胞壁 | | 淀粉 | | 总糖 | | 乳糖 | | 总能 GE(MJ/kg) | |
|---|---|---|---|---|---|---|---|---|---|---|---|---|---|---|
| | 平均值 | 标准差 | 平均值 | 标准差 | 平均值 | 标准差 | 平均值 | 标准差 | 平均值 | 标准差 | 平均值 | 标准差 | 平均值 | 标准差 |
| 玉米 | 2.6 | 0.4 | 0.5 | 0.2 | 9.1 | 2.7 | 64.1 | 1.9 | 1.6 | 0.5 | | | 16.2 | 0.3 |

注:本资料原书有较详细的名称解释、检测方法和计算公式等,内容较多,恕未能全部列出和加入"中英文词汇对照及说明表"中。该资料之后各表饲料原料均为"玉米(Maize)",不再赘述英文名称。

摘自:《饲料成分及营养价值表》(2005)P52-53,下同。

## 2. 矿物质含量

表 2-2-2 矿物质含量

| 饲料名称 | 钙(g/kg) | | 磷(g/kg) | | 植酸磷/总磷(%) | | 镁(g/kg) | | 钾(g/kg) | | 钠(g/kg) | | 氯(mg/kg) | | 硫(mg/kg) | | 阴阳离子差(mEq/kg) | |
|---|---|---|---|---|---|---|---|---|---|---|---|---|---|---|---|---|---|---|
| | 平均值 | 标准差 | 平均值 | 标准差 | 平均值 | 标准差 | 平均值 | 标准差 | 平均值 | 标准差 | 平均值 | 标准差 | 平均值 | 标准差 | 平均值 | 标准差 | 平均值 | 标准差 |
| 玉米 | 0.4 | 0.3 | 2.6 | 0.3 | 75 | | 1.0 | 0.2 | 3.2 | 0.4 | 0.04 | 0.03 | 0.5 | 0.2 | 1.1 | | 0.38 | |

| 饲料名称 | 电解质平衡(mEq/kg) | | 锰(mg/kg) | | 锌(mg/kg) | | 铜(mg/kg) | | 铁(mg/kg) | | 硒(mg/kg) | | 钴(mg/kg) | | 钼(mg/kg) | | 碘(mg/kg) | |
|---|---|---|---|---|---|---|---|---|---|---|---|---|---|---|---|---|---|---|
| | 平均值 | 标准差 | 平均值 | 标准差 | 平均值 | 标准差 | 平均值 | 标准差 | 平均值 | 标准差 | 平均值 | 标准差 | 平均值 | 标准差 | 平均值 | 标准差 | 平均值 | 标准差 |
| 玉米 | 68 | | 8 | 7 | 19 | 6 | 2 | 1.0 | 32 | 11 | 0.10 | | 0.05 | | 0.41 | | 0.09 | |

## 3. 脂肪酸含量

表 2-2-3 脂肪酸含量

| 饲料名称 | 总和 C6+C8+C10 | | 月桂酸 C12:0 | | 豆蔻酸 C14:0 | | 棕榈酸 C16:0 | | 棕榈油酸 C16:1 | | 硬脂酸 C18:0 | | 油酸 C18:1 | | 亚油酸 C18:2 | | 亚麻酸 C18:3 | |
|---|---|---|---|---|---|---|---|---|---|---|---|---|---|---|---|---|---|---|
| | 平均值 | 标准差 | 占脂肪酸(%) | g/kg | 占脂肪酸(%) | g/kg | 占脂肪酸(%) | g/kg | 占脂肪酸(%) | g/kg | 占脂肪酸(%) | g/kg | 占脂肪酸(%) | g/kg | 占脂肪酸(%) | g/kg | 占脂肪酸(%) | g/kg |
| 玉米 | | | | | 0.1 | 0.0 | 11.1 | 3.5 | 0.4 | 0.1 | 1.8 | 0.6 | 26.9 | 8.5 | 56.5 | 17.8 | 1.0 | 0.3 |

| 饲料名称 | 花生酸 C20:0 | | 花生酸 C20:1 | | 花生酸 C20:4 | | 花生四烯酸 C20:4 | | 山嵛酸 C22:0 | | 芥酸 C22:1 | | 鲦鱼酸 C22:5 | | 二十二碳六烯酸 C22:6 | | 木蜡酸 C24:0 | | 脂肪酸/粗脂肪(%) |
|---|---|---|---|---|---|---|---|---|---|---|---|---|---|---|---|---|---|---|---|
| | 占脂肪酸(%) | g/kg | 占脂肪酸(%) | g/kg | 占脂肪酸(%) | g/kg | 占脂肪酸(%) | g/kg | 占脂肪酸(%) | g/kg | 占脂肪酸(%) | g/kg | 占脂肪酸(%) | g/kg | 占脂肪酸(%) | g/kg | 占脂肪酸(%) | g/kg | |
| 玉米 | | | | | | | | | | | | | | | | | | | 85 |

### 4. 维生素含量

表 2-2-4 维生素含量(平均值)

| 饲料名称 | 维生素 A (1 000 IU/kg) | 维生素 D (1 000 IU/kg) | 维生素 E (mg/kg) | 维生素 K (mg/kg) | 维生素 $B_1$ (mg/kg) | 维生素 $B_2$ (mg/kg) | 维生素 $B_6$ (mg/kg) | 维生素 $B_{12}$ (μg/kg) | 烟酸 (mg/kg) | 泛酸 (mg/kg) | 叶酸 (mg/kg) | 生物素 (mg/kg) | 胆碱 (mg/kg) | 维生素 C (mg/kg) |
|---|---|---|---|---|---|---|---|---|---|---|---|---|---|---|
| 玉米 | 2.32 | | 17 | 0.31 | 4 | 1.4 | 5 | 0 | 21 | 6 | 0.25 | 0.06 | 533 | |

### 5. 其他指标

表 2-2-5 其他指标(平均值)

| 饲料名称 | 实际应用黏度(mL/g) | 叶黄素(mg/kg) | 植酸酶活性(IU/kg) |
|---|---|---|---|
| 玉米 | 0.6 | 24 | 20 |

### 6. 猪有效能值及营养物质消化率

表 2-2-6 猪有效能值及营养物质消化率

| 饲料名称 | 消化能 (MJ/kg) | | 代谢能 (MJ/kg) | | 净能 (MJ/kg) | | 能量消化率 (%) | | 有机物消化率 (%) | | 氮消化率 (%) | | 氮回肠标准消化率 (%) | NSId (%) | 粗脂肪消化率 (%) | 磷消化率 (%) |
|---|---|---|---|---|---|---|---|---|---|---|---|---|---|---|---|---|
| | 生长猪 | 母猪 | 生长猪 | 母猪 | 生长猪 | 母猪 | 生长猪 | 母猪 | 生长猪 | 母猪 | 生长猪 | 母猪 | | | | |
| 玉米 | 14.2 | 14.8 | 13.9 | 14.4 | 11.1 | 11.4 | 88 | 91 | 91 | 94 | 81 | 91 | | 86 | 60 | 28 |

注:NSId 为猪回肠氮真消化率;磷消化率为无内源植酸酶(自然缺乏或经处理后失活)时磷的消化率。

### 7. 反刍动物有效能值、营养物质消化率及瘤胃降解率

表 2-2-7 反刍动物有效能值、营养物质消化率及瘤胃降解率

| 饲料名称 | UFL (/kg) | UFV (/kg) | PDIA (g/kg) | PDIN (g/kg) | PDIE (g/kg) | 代谢能 (kcal/kg) | 能量消化率 (%) | 有机物消化率 (%) | 氮消化率 (%) | 肠内不可降解蛋白质真可消化率(%) | TId (%) | 脂肪酸消化率 (%) | 可吸收磷 (g/kg) | 被吸收磷 (g/kg) |
|---|---|---|---|---|---|---|---|---|---|---|---|---|---|---|
| 玉米 | 1.06 | 1.06 | 46 | 64 | 84 | 11.7 | 86 | 89 | 66 | | 90 | 74 | 1.9 | |

| 饲料名称 | 瘤胃降解 | | | | | | | | | | | |
|---|---|---|---|---|---|---|---|---|---|---|---|---|
| | 氮 | | | | 淀粉 | | | | 干物质 | | | |
| | 有效降解率 | a(%) | b(%) | c(%/h) | 有效降解率 | a(%) | b(%) | c(%/h) | 有效降解率 | a(%) | b(%) | c(%/h) |
| 玉米 | 43 | 11 | 82 | 4.0 | 60 | 23 | 77 | 5.5 | 56 | 20 | 76 | 5.5 |

注：UFL 为产奶饲草单位；UFV 为产肉饲草单位；PDIA 为在小肠消化的过瘤胃蛋白质；PDIN 为氮成为瘤胃微生物活性的限制因素时的小肠可消化蛋白质；PDIE 为能量成为瘤胃微生物活性的限制因素时的小肠可消化蛋白质；TId 为反刍动物瘤胃非降解蛋白质小肠真消化率；a 为快速可降解部分（反刍动物氮、淀粉或干物质降解的动力学参数）；b 为不溶性物质潜在可降解部分（反刍动物氮、淀粉或干物质降解的动力学参数）；c 为不溶性物质降解速率（反刍动物氮、淀粉或干物质降解的动力学参数）。

### 8. 家禽、马、兔、鱼有效能值及营养物质消化率

表 2-2-8 家禽、马、兔、鱼有效能值及营养物质消化率

| 饲料名称 | AMEn(MJ/kg) | | 有效磷(%) | | 马饲草单位 UFC (/kg) | 马可消化粗蛋白质 MADC (g/kg) | 兔消化能 DE (MJ/kg) | 兔氮校正代谢能 MEn (MJ/kg) | 兔能量消化率 (%) | 兔氮消化率 (%) | 鱼消化能 DE (MJ/kg) | 鱼能量消化率 (%) | 鱼氮消化率 (%) |
|---|---|---|---|---|---|---|---|---|---|---|---|---|---|
| | 成年公鸡 | 肉鸡 | 成年公鸡 | 肉鸡 | | | | | | | | | |
| 玉米 | 13.4 | 13.1 | | 24 | 1.12 | 65 | 12.8 | 12.6 | 80 | 65 | 6.3 | 39 | 95 |

注：AMEn 为氮校正表观代谢能。

9. 氨基酸含量和消化率

表 2-2-9 氨基酸含量

| 饲料名称 | 氨基酸含量及占粗蛋白质比例 | 赖氨酸 | 苏氨酸 | 蛋氨酸 | 胱氨酸 | 蛋氨酸+胱氨酸 | 色氨酸 | 异亮氨酸 | 缬氨酸 | 亮氨酸 | 苯丙氨酸 | 酪氨酸 | 苯丙氨酸+酪氨酸 | 组氨酸 | 精氨酸 | 丙氨酸 | 天冬氨酸 | 谷氨酸 | 甘氨酸 | 丝氨酸 | 脯氨酸 |
|---|---|---|---|---|---|---|---|---|---|---|---|---|---|---|---|---|---|---|---|---|---|
| 玉米 | g/kg | 2.4 | 3.0 | 1.7 | 2.0 | 3.7 | 0.5 | 3.0 | 4.1 | 10.2 | 4.0 | 3.4 | 7.4 | 2.4 | 3.8 | 6.1 | 5.3 | 15.4 | 3.1 | 4.1 | 7.5 |
| | 占 CP% | 3.0 | 3.7 | 2.1 | 2.5 | 4.6 | 0.6 | 3.7 | 5.0 | 12.5 | 4.9 | 4.2 | 9.1 | 2.9 | 4.7 | 7.5 | 6.5 | 18.9 | 3.8 | 5.0 | 9.2 |

表 2-2-10 猪表观回肠氨基酸消化率(AID)及可消化氨基酸含量(AIDC)

| 饲料名称 | 消化率及含量 | 赖氨酸 | 苏氨酸 | 蛋氨酸 | 胱氨酸 | 蛋氨酸+胱氨酸 | 色氨酸 | 异亮氨酸 | 缬氨酸 | 亮氨酸 | 苯丙氨酸 | 酪氨酸 | 苯丙氨酸+酪氨酸 | 组氨酸 | 精氨酸 | 丙氨酸 | 天冬氨酸 | 谷氨酸 | 甘氨酸 | 丝氨酸 | 脯氨酸 |
|---|---|---|---|---|---|---|---|---|---|---|---|---|---|---|---|---|---|---|---|---|---|
| 玉米 | AID(%) | 70 | 74 | 87 | 82 | 85 | 65 | 82 | 81 | 90 | 87 | 85 | 86 | 84 | 85 | 84 | 79 | 89 | 69 | 83 | 82 |
| | AIDC(g/kg) | 1.7 | 2.2 | 1.5 | 1.7 | 3.1 | 0.3 | 2.5 | 3.3 | 9.2 | 3.5 | 2.9 | 6.4 | 2.0 | 3.2 | 5.2 | 4.2 | 13.7 | 2.1 | 3.4 | 6.2 |

表 2-2-11 猪标准回肠氨基酸消化率(SID)及标准回肠可消化氨基酸含量(SIDC)

| 饲料名称 | 消化率及含量 | 赖氨酸 | 苏氨酸 | 蛋氨酸 | 胱氨酸 | 蛋氨酸+胱氨酸 | 色氨酸 | 异亮氨酸 | 缬氨酸 | 亮氨酸 | 苯丙氨酸 | 酪氨酸 | 苯丙氨酸+酪氨酸 | 组氨酸 | 精氨酸 | 丙氨酸 | 天冬氨酸 | 谷氨酸 | 甘氨酸 | 丝氨酸 | 脯氨酸 |
|---|---|---|---|---|---|---|---|---|---|---|---|---|---|---|---|---|---|---|---|---|---|
| 玉米 | SID(%) | 80 | 83 | 91 | 89 | 90 | 80 | 88 | 87 | 93 | 91 | 90 | 91 | 89 | 91 | 89 | 87 | 93 | 82 | 89 | 89 |
| | SIDC(g/kg) | 1.9 | 2.5 | 1.5 | 1.8 | 3.3 | 0.4 | 2.7 | 3.6 | 9.5 | 3.7 | 3.1 | 6.8 | 2.1 | 3.5 | 5.5 | 4.6 | 14.3 | 2.5 | 3.6 | 6.7 |

表 2-2-12 家禽真氨基酸消化率(TD)及真可消化氨基酸含量(TDC)

| 饲料名称 | 消化率及含量 | 赖氨酸 | 苏氨酸 | 蛋氨酸 | 胱氨酸 | 蛋氨酸+胱氨酸 | 色氨酸 | 异亮氨酸 | 缬氨酸 | 亮氨酸 | 苯丙氨酸 | 酪氨酸 | 苯丙氨酸+酪氨酸 | 组氨酸 | 精氨酸 | 丙氨酸 | 天冬氨酸 | 谷氨酸 | 甘氨酸 | 丝氨酸 | 脯氨酸 |
|---|---|---|---|---|---|---|---|---|---|---|---|---|---|---|---|---|---|---|---|---|---|
| 玉米 | TD(%) | 85 | 88 | 94 | 93 | 93 | | 92 | 92 | 96 | 94 | 94 | 94 | 90 | 95 | 94 | 90 | 96 | 89 | 93 | 96 |
| | TDC(g/kg) | 2.1 | 2.7 | 1.6 | 1.9 | 3.5 | | 2.8 | 3.8 | 9.8 | 3.8 | 3.2 | 7.0 | 2.1 | 3.6 | 5.8 | 4.8 | 14.8 | 2.7 | 3.8 | 7.2 |

表 2-2-13 反刍动物小肠可消化氨基酸含量(AADI,%PDIE)

| 饲料名称 | 赖氨酸 | 苏氨酸 | 蛋氨酸 | 胱氨酸 | 蛋氨酸+胱氨酸 | 色氨酸 | 异亮氨酸 | 缬氨酸 | 亮氨酸 | 苯丙氨酸 | 酪氨酸 | 苯丙氨酸+酪氨酸 | 组氨酸 | 精氨酸 | 丙氨酸 | 天冬氨酸 | 谷氨酸 | 甘氨酸 | 丝氨酸 | 脯氨酸 |
|---|---|---|---|---|---|---|---|---|---|---|---|---|---|---|---|---|---|---|---|---|
| 玉米 | 5.7 | 4.8 | 1.9 | | | | 4.9 | 5.5 | 10.2 | 5.0 | | | 2.3 | 4.6 | | | | | | |

注:AADI=Amino acid digestible in the intestine(in % PDIE),小肠可消化氨基酸含量;PDIE 为能量成为瘤胃微生物活性的限制因素时的小肠可消化蛋白质。

### 2.2.2 AFZ, Ajinomoto Eurolysine, Aventis Animal Nutrition, INRA, ITCF. 2000. AmiPig, Ileal Standardized Digestibility of Amino Acids in Feedstuffs for Pigs(猪饲料标准回肠氨基酸消化率)[11]

#### 1. 概略养分

表 2-2-14 概略养分含量(%)

| 饲料名称 | 样本数 Obs. | 干物质 DM | 粗蛋白质 CP | 粗纤维 CF | 粗脂肪 EE | 粗灰分 Ash |
|---|---|---|---|---|---|---|
| 玉米 Maize | 15 | 87.4 | 8.9 | 1.9 | 3.6 | 1.3 |

摘自:AmiPig,Ileal standardised digestibility of amino acids in feedstuffs for pigs(2000)P17。

#### 2. 氨基酸含量

表 2-2-15 氨基酸含量(%)

| 饲料名称 | 粗蛋白质 CP | 赖氨酸 Lys | 苏氨酸 Thr | 蛋氨酸 Met | 胱氨酸 Cys | 蛋氨酸+胱氨酸 Met+Cys | 色氨酸 Trp | 异亮氨酸 Ile | 缬氨酸 Val | 亮氨酸 Leu | 苯丙氨酸 Phe | 酪氨酸 Tyr | 苯丙氨酸+酪氨酸 Phe+Tyr | 组氨酸 His | 精氨酸 Arg | 丙氨酸 Ala | 天冬氨酸 Asp | 谷氨酸 Glu | 甘氨酸 Gly | 丝氨酸 Ser | 脯氨酸 Pro |
|---|---|---|---|---|---|---|---|---|---|---|---|---|---|---|---|---|---|---|---|---|---|
| 玉米 Maize | 8.9 | 0.26 | 0.32 | 0.18 | 0.18 | 0.37 | 0.06 | 0.32 | 0.43 | 1.06 | 0.43 | 0.29 | 0.72 | 0.24 | 0.38 | 0.66 | 0.56 | 1.65 | 0.32 | 0.42 | 0.72 |

摘自:AmiPig,Ileal standardised digestibility of amino acids in feedstuffs for pigs(2000)P19-23。

#### 3. 标准回肠氨基酸消化率

表 2-2-16 标准回肠氨基酸消化率(%)

| 饲料名称 | 粗蛋白质 CP | 赖氨酸 Lys | 苏氨酸 Thr | 蛋氨酸 Met | 胱氨酸 Cys | 蛋氨酸+胱氨酸 Met+Cys | 色氨酸 Trp | 异亮氨酸 Ile | 缬氨酸 Val | 亮氨酸 Leu | 苯丙氨酸 Phe | 酪氨酸 Tyr | 苯丙氨酸+酪氨酸 Phe+Tyr | 组氨酸 His | 精氨酸 Arg | 丙氨酸 Ala | 天冬氨酸 Asp | 谷氨酸 Glu | 甘氨酸 Gly | 丝氨酸 Ser | 脯氨酸 Pro |
|---|---|---|---|---|---|---|---|---|---|---|---|---|---|---|---|---|---|---|---|---|---|
| 玉米 Maize | 86 | 80 | 83 | 91 | 89 | 90 | 80 | 88 | 87 | 93 | 91 | 90 | 91 | 89 | 91 | 89 | 87 | 93 | 82 | 89 | 89 |

摘自:AmiPig,Ileal standardised digestibility of amino acids in feedstuffs for pigs(2000)P25-29。

4. 可消化氨基酸含量

表 2-2-17 可消化氨基酸含量(%)

| 饲料名称 | 粗蛋白质 CP | 赖氨酸 Lys | 苏氨酸 Thr | 蛋氨酸 Met | 胱氨酸 Cys | 蛋氨酸+胱氨酸 Met+Cys | 色氨酸 Trp | 异亮氨酸 Ile | 缬氨酸 Val | 亮氨酸 Leu | 苯丙氨酸 Phe | 酪氨酸 Tyr | 苯丙氨酸+酪氨酸 Phe+Tyr | 组氨酸 His | 精氨酸 Arg | 丙氨酸 Ala | 天冬氨酸 Asp | 谷氨酸 Glu | 甘氨酸 Gly | 丝氨酸 Ser | 脯氨酸 Pro |
|---|---|---|---|---|---|---|---|---|---|---|---|---|---|---|---|---|---|---|---|---|---|
| 玉米 Maize | 7.60 | 0.21 | 0.26 | 0.17 | 0.16 | 0.33 | 0.05 | 0.28 | 0.38 | 0.99 | 0.39 | 0.26 | 0.65 | 0.21 | 0.35 | 0.59 | 0.49 | 1.53 | 0.26 | 0.38 | 0.64 |

摘自:AmiPig,Ileal standardised digestibility of amino acids in feedstuffs for pigs(2000)P31-33。

## 2.3 荷兰资料

### 2.3.1 CVB Table Pigs.2007.Chemical Composition and Nutritional Values of Feedstuffs,and Feeding Standards(饲料化学成分和猪营养价值与饲养标准)[12]

1. Weende 参数(概略养分含量)

表 2-3-1 Weende 参数(概略养分含量,g/kg)

| 饲料名称、描述及编号 | 平均值和标准差 | 干物质 DM | 粗灰分 Ash | 粗蛋白质 CP | 粗脂肪 CFAT | 酸乙醚浸出物 CFATh | 粗纤维 CFIBRE | 无氮浸出物 NFE | 无氮浸出物(按酸乙醚浸出物计算) NFEh | Ewers 法测定淀粉 STAew | 淀粉转葡糖苷酶法测定淀粉 STAam | 总淀粉(STAam 与葡萄糖低聚糖之和)STAtot | 还原糖 SUG | 中性洗涤纤维 NDF | 酸性洗涤纤维 ADF | 酸性洗涤木质素 ADL | 非淀粉多糖 NSP |
|---|---|---|---|---|---|---|---|---|---|---|---|---|---|---|---|---|---|
| 玉米(Maize 1002.000/0/0) | 平均值 Mean | 872 | 12 | 82 | 38 | 44 | 22 | 718 | 712 | 624 | 606 | — | 12 | 101 | 28 | 3 | 122 |
| | 标准差 Sdc | 19 | 1 | 6 | 4 | 3 | 3 | | | 14 | 25 | — | 4 | 27 | 7 | — | |
| 玉米,加热或化学处理过(Maize, chemical/heat treated 1002.629/0/0) | 平均值 Mean | 879 | 13 | 88 | — | 42 | 21 | — | 715 | 628 | 612 | — | 15 | 94 | 27 | 2 | 110 |
| | 标准差 Sdc | 11 | 1 | 6 | — | — | 3 | | | 22 | 16 | — | — | — | — | — | |

注:Sdc=(Corrected)standard deviation,(校正)标准差,具体计算方法原文未列出,下同。NFEh=1000-(moisture 水分+Ash 粗灰分+CP 粗蛋白质+CFATh 酸乙醚浸出物+CFIBRE 粗纤维);Ewers 法为旋光测定(polarimetric determination)法,具体方法原文未列出。本资料原书有较详细的名称解释和检测方法,内容较多,恕未能列出;另外,此资料中保留的有些英文缩写与其他资料有所差异,但“中英文词汇对照及说明表”中不再加入。此资料后表饲料名称英文、描述及编号不再赘述。

摘自:CVB Table Pigs(2007)P105、P106,下同。

## 2. 矿物质

表 2-3-2 矿物质含量(g/kg)

| 饲料名称、描述及编号 | 平均值和标准差 | 钙 Ca | 磷 P | 镁 Mg | 钾 K | 钠 Na | 氯 Cl | 无机硫 S-i | 有机硫 S-o |
|---|---|---|---|---|---|---|---|---|---|
| 玉米 | 平均值 Mean | 0.2 | 2.7 | 0.9 | 3.4 | — | 0.6 | 0.1 | 0.9 |
| | 标准差 Sdc | 0.2 | 0.3 | 0.3 | 0.4 | 0.1 | — | — | |
| 玉米，加热或化学处理过 | 平均值 Mean | 0.3 | 2.8 | 1.0 | 3.5 | 0.1 | 0.6 | 0.1 | 0.9 |
| | 标准差 Sdc | 0.2 | 0.3 | 0.1 | 0.4 | — | — | — | |

注：S-i 处原文为 S-a，然而书中没有 S-a 的注释，只有 S-i(inorganic sulphur，无机硫)的注释，故推测此处应为 S-i，翻译为无机硫。

## 3. 微量元素、肌醇绑定磷、电解质平衡、阴阳离子差和二糖校正因子

表 2-3-3 微量元素、肌醇绑定磷、电解质平衡、阴阳离子差和二糖校正因子含量

| 饲料名称、描述及编号 | 平均值和标准差 | 铁 Fe (mg/kg) | 锰 Mn (mg/kg) | 锌 Zn (mg/kg) | 铜 Cu (mg/kg) | 钼 Mo (mg/kg) | 碘 I* (mg/kg) | 钴 Co (mg/kg) | 肌醇绑定磷 IP (g/kg) | 电解质平衡 EB (meq/kg) | 阴阳离子差 CAD (meq/kg) | 二糖校正因子 CF_DI |
|---|---|---|---|---|---|---|---|---|---|---|---|---|
| 玉米 | 平均值 Mean | 29 | 5 | 21 | 1 | 0.3 | 0.2 | 0.1 | 1.8 | 70 | 11 | 0.96 |
| | 标准差 Sdc | 7 | 2 | 4 | 1 | — | — | — | | | | |
| 玉米，加热或化学处理过 | 平均值 Mean | 69 | 6 | 18 | 2 | 0.3 | 0.2 | 0.1 | 2.0 | 77 | 14 | 0.96 |
| | 标准差 Sdc | — | 1 | 6 | 1 | — | — | — | | | | |

注：* 原文英文字母显示为 J，注释中为 iodine，故翻译为“碘”。EB(in meq per kg)＝43.5 Na＋25.6 K－28.2 Cl；CAD(in meq per kg)＝43.5 Na＋25.6 K－28.2 Cl－62.4 (S-i＋S-o)；EB 和 CAD 都是反映血液 pH 调节的重要参数。“meq”为毫克当量，表示某物质和 1 mg 氢的化学活性或化合力相当的量，故 meq/kg 为毫克当量每千克。

## 4. 可消化营养成分

表 2-3-4　可消化营养成分含量(g/kg)

| 饲料名称、描述及编号 | 可消化粗蛋白质 DCP | 可消化粗脂肪 DCFAT | 可消化非淀粉多糖 DNSP | 可消化粗纤维 DCFIBRE | 可消化无氮浸出物 DNFE | 可消化有机物 DOM | 酶解可消化淀粉 STAam-e | 发酵可降解淀粉 STAam-f | 酶解可消化糖 SUGe | 发酵可降解糖 SUGf |
|---|---|---|---|---|---|---|---|---|---|---|
| 玉米 | 61 | 27 | 76 | 9 | 684 | 781 | 606 | — | 11 | 1 |
| 玉米,加热或化学处理过 | 67 | 30 | 69 | 8 | 687 | 792 | 612 | — | 14 | 1 |

## 5. 营养价

表 2-3-5　营养价

| 饲料名称、描述及编号 | 猪脂肪沉积净能 NEv (MJ/kg) | 猪脂肪沉积净能 NEv (kcal/kg) | 猪能值 EW (/kg) | 可消化磷 DP (g/kg) |
|---|---|---|---|---|
| 玉米 | 10.80 | 2581 | 1.23 | 0.5 |
| 玉米,加热或化学处理过 | 11.03 | 2637 | 1.25 | 0.6 |

注:猪能值 EW(Energy value pigs)=NEv(in MJ)/8.8 MJ。两种玉米(编号 1002.000/0/0 和 1002.629/0/0)的营养价分别由粗脂肪(CFAT)和酸乙醚浸出物(CFATh)计算得到。

## 6. 脂肪酸

表 2-3-6　脂肪酸含量

| 饲料名称、描述及编号 | 脂肪酸 FA | <C10 | C12∶0 | C14∶0 | C16∶0 | C16∶1 | C18∶0 | C18∶1 | C18∶2 | C18∶3 | >C20 | 总脂肪酸 Total FA | 脂肪酸占粗脂肪比例% FA in CFAT-fraction |
|---|---|---|---|---|---|---|---|---|---|---|---|---|---|
| 玉米 | 占脂肪酸(%) | — | 0.2 | 0.2 | 12.0 | 0.2 | 2.0 | 28.0 | 55.0 | 1.0 | 1.0 | — | 90.0 |
|  | g/kg | — | 0.1 | 0.1 | 4.1 | 0.1 | 0.7 | 9.6 | 18.8 | 0.3 | 0.3 | — |  |
| 玉米,加热或化学处理过 | 占脂肪酸(%) | — | 0.2 | 0.2 | 12.0 | 0.2 | 2.0 | 28.0 | 55.0 | 1.0 | 1.0 | — | 90.0 |
|  | g/kg | — | 0.1 | 0.1 | 4.5 | 0.1 | 0.8 | 10.6 | 20.8 | 0.4 | 0.4 | — |  |

注:FA=Fatty acid,脂肪酸。

## 7. 氨基酸

表 2-3-7 氨基酸含量及回肠消化率

| 饲料名称、描述及编号 | 氨基酸 | | 赖氨酸 Lys | 蛋氨酸 Met | 胱氨酸 Cys | 苏氨酸 Thr | 色氨酸 Trp | 异亮氨酸 Ile | 精氨酸 Arg | 苯丙氨酸 Phe | 组氨酸 His | 亮氨酸 Leu | 酪氨酸 Tyr | 缬氨酸 Val | 丙氨酸 Ala | 天冬氨酸 Asp | 谷氨酸 Glu | 甘氨酸 Gly | 脯氨酸 Pro | 丝氨酸 Ser | 总氨基酸 Total AA |
|---|---|---|---|---|---|---|---|---|---|---|---|---|---|---|---|---|---|---|---|---|---|
| 玉米 | 含量 | 占粗蛋白质比例平均值 Mean (g/16g N) | 2.9 | 2.1 | 2.2 | 3.6 | 0.7 | 3.4 | 4.7 | 4.8 | 3.0 | 12.1 | 3.7 | 4.8 | 7.5 | 6.7 | 18.1 | 3.9 | 8.9 | 4.8 | 97.9 |
| | | 标准差 Sdc | 0.3 | 0.2 | 0.2 | 0.2 | 0.1 | 0.2 | 0.4 | 0.3 | 0.2 | 0.7 | 0.4 | 0.3 | 0.4 | 0.4 | 1.0 | 0.3 | 0.7 | 0.2 | |
| | | 饲料中 g/kg | 2.4 | 1.7 | 1.8 | 3.0 | 0.6 | 2.8 | 3.9 | 3.9 | 2.5 | 9.9 | 3.0 | 3.9 | 6.2 | 5.5 | 14.8 | 3.2 | 7.3 | 3.9 | 80.3 |
| | 回肠氨基酸消化率 Ileal digestible AA | 标准 Stand. (g/kg) | 1.8 | 1.5 | 1.5 | 2.3 | 0.4 | 2.4 | 3.4 | 3.4 | 2.1 | 8.8 | 2.6 | 3.4 | 5.3 | 4.5 | 13.3 | 2.5 | 6.2 | 3.5 | 68.9 |
| | | 表观 Apparent (g/kg) | 1.5 | 1.4 | 1.3 | 1.8 | 0.3 | 2.1 | 3.0 | 3.2 | 2.0 | 8.4 | 2.4 | 2.9 | 4.9 | 3.8 | 12.2 | 1.7 | 5.2 | 2.9 | 60.9 |
| 玉米，加热或化学处理过 | 含量 | 占粗蛋白质比例平均值 Mean (g/16g N) | 2.9 | 2.1 | 2.2 | 3.6 | 0.7 | 3.4 | 4.7 | 4.8 | 3.0 | 12.1 | 3.7 | 4.8 | 7.5 | 6.7 | 18.1 | 3.9 | 8.9 | 4.8 | 97.9 |
| | | 标准差 Sdc | 0.3 | 0.2 | 0.2 | 0.2 | 0.1 | 0.2 | 0.4 | 0.3 | 0.2 | 0.7 | 0.4 | 0.3 | 0.4 | 0.4 | 1.0 | 0.3 | 0.7 | 0.2 | |
| | | 饲料中 g/kg | 2.6 | 1.8 | 1.9 | 3.2 | 0.6 | 3.0 | 4.1 | 4.2 | 2.6 | 10.6 | 3.3 | 4.2 | 6.6 | 5.9 | 15.9 | 3.4 | 7.8 | 4.2 | 86.2 |
| | 回肠氨基酸消化率 Ileal digestible AA | 标准 Stand. (g/kg) | 1.9 | 1.6 | 1.6 | 2.5 | 0.5 | 2.6 | 3.6 | 3.7 | 2.3 | 9.4 | 2.8 | 3.6 | 5.7 | 4.8 | 14.2 | 2.7 | 6.6 | 3.7 | 73.9 |
| | | 表观 Apparent (g/kg) | 1.6 | 1.5 | 1.4 | 2.0 | 0.3 | 2.2 | 3.3 | 3.4 | 2.1 | 9.0 | 2.5 | 3.1 | 5.3 | 4.1 | 13.2 | 1.9 | 5.7 | 3.2 | 65.9 |

## 2.4 苏联资料

### 2.4.1 M.Φ.托迈,等.1953.饲料消化性.马承融,等译(1960)[13]

**1. 不同营养水平下猪对玉米的消化率**

**表 2-4-1 不同营养水平下猪对玉米的消化率**

| 营养水平 | 消化率(%) | | | | | |
|---|---|---|---|---|---|---|
| | 干物质 | 有机物 | 粗蛋白质 | 粗脂肪 | 粗纤维* | 无氮浸出物 |
| 为维持水平的126% | 88.4 | 89.9 | 85.9 | 61.3 | 30.2 | 94.3 |
| 为维持水平的60% | 86.4 | 87.9 | 86.7 | 55.4 | 25.8 | 91.4 |

注:* 原文为“纤维素”,编者推测应为“粗纤维”,下同。

摘自:《饲料消化性》(1960)P36。

**2. 羊对玉米的消化率**

**表 2-4-2 羊对玉米的消化率**

| 名称 | 来源 | 样品描述 | 试验时间 | 实验动物(成年动物) | 饲料成分(在原来含水情况下的%) | | | | | | | | 消化率(%) | | | | | | | |
|---|---|---|---|---|---|---|---|---|---|---|---|---|---|---|---|---|---|---|---|---|
| | | | | | 干物质 | 有机物 | 粗蛋白质 | 真蛋白质 | 粗脂肪 | 粗纤维 | 无氮浸出物 | 粗灰分 | 干物质 | 有机物 | 粗蛋白质 | 真蛋白质 | 粗脂肪 | 粗纤维 | 无氮浸出物 | 粗灰分 |
| 玉米 | 罗斯托夫省 | “Айвори-Кинг”品种的玉米 | 1926 | 杂种去势绵羊 | 79.6 | 78.3 | 9.8 | 8.8 | 5.4 | 1.4 | 61.7 | 1.3 | 95.0 | 95.8 | 82.5 | — | 88.4 | 77.2 | 99.0 | — |
| 白玉米 | 斯达维罗宝里边区 | 好的玉米穗,大的籽实已很好地灌了浆,带有自然香味,没有受病害的 | 1928—1929 | 卡拉切夫种去势绵羊 | 85.4 | 84.0 | 10.4 | 9.4 | 4.1 | 2.1 | 67.4 | 1.4 | 84.5 | — | 68.5 | — | 84.0 | 61.2 | 94.5 | — |
| 黄玉米 | 斯达维罗宝里边区 | 种子不完全是同一品种,不大,没有充分灌浆,有5%~6%感染了黑粉病 | 1928—1929 | 卡拉切夫种去势绵羊 | 85.9 | 84.4 | 11.0 | 10.2 | 4.9 | 1.9 | 66.6 | 1.5 | 92.7 | — | 71.5 | — | 93.9 | 63.5 | 97.0 | — |

续表 2-4-2

| 名称 | 来源 | 样品描述 | 试验时间 | 实验动物（成年动物） | 饲料成分(在原来含水情况下的%) | | | | | | | | 消化率(%) | | | | | | | |
|---|---|---|---|---|---|---|---|---|---|---|---|---|---|---|---|---|---|---|---|---|
| | | | | | 干物质 | 有机物 | 粗蛋白质 | 真蛋白质 | 粗脂肪 | 粗纤维 | 无氮浸出物 | 粗灰分 | 干物质 | 有机物 | 粗蛋白质 | 真蛋白质 | 粗脂肪 | 粗纤维 | 无氮浸出物 | 粗灰分 |
| 玉米粒 | 罗斯托夫省 | 早熟珍珠种玉米 | — | 公绵羊 | 83.7 | 81.3 | 9.5 | 8.6 | 6.8 | 2.1 | 62.9 | 2.4 | 82.3 | 83.8 | 82.6 | — | 85.5 | 68.6 | 84.6 | — |
| 粗磨玉米 | 罗斯托夫省 | “Стерлинг”种玉米 | 1926 | 茨盖与雪罗泼夏种杂交去势绵羊 | 84.4 | 82.7 | 8.9 | 8.5 | 4.3 | 2.1 | 67.4 | 1.7 | 90.8 | 91.9 | 72.2 | — | 86.4 | 66.6 | 95.7 | — |
| 玉米粒 | 罗斯托夫省 | “Стерлинг”种玉米 | — | 去势绵羊 | 82.5 | 81.1 | 9.5 | 8.5 | 4.2 | 1.9 | 65.5 | 1.4 | 92.2 | 93.5 | 76.3 | — | 84.8 | 69.6 | 97.2 | — |
| 玉米粒 | 罗斯托夫省 | “Стерлинг”种玉米 | 1926 | 茨盖的去势绵羊及雪罗泼夏茨盖杂种去势绵羊 | 84.4 | 82.7 | 8.9 | 8.8 | 4.3 | 2.1 | 67.4 | 1.7 | 89.3 | 90.6 | 66.4 | — | 81.1 | 50.6 | 95.6 | — |
| 粗磨玉米 | 罗斯托夫省 | “Стерлинг”种玉米，碎粒是从磨坊中得到 | 1927 | 茨盖的去势绵羊及雪罗泼夏茨盖杂种去势绵羊 | 80.6 | 79.4 | 10.1 | 8.4 | 4.0 | 1.8 | 63.5 | 1.2 | 93.2 | 95.1 | 80.7 | — | 83.8 | 77.9 | 98.7 | — |
| 粗磨玉米 | 罗斯托夫省 | “Стерлинг”种玉米 | 1926 | 茨盖的去势绵羊及雪罗泼夏茨盖杂种去势绵羊 | 80.6 | 79.4 | 10.1 | 8.4 | 4.0 | 1.8 | 63.5 | 1.2 | 95.7 | 96.2 | 86.1 | — | 87.8 | 83.3 | 98.7 | — |

摘自:《饲料消化性》(1960)P310。

### 3. 猪对玉米的消化率

**表 2-4-3 猪对玉米的消化率**

| 名称 | 来源 | 样品描述 | 试验时间 | 实验动物 | 饲料成分(在原来含水情况下的%) | | | | | | | | 消化率(%) | | | | | | | |
|---|---|---|---|---|---|---|---|---|---|---|---|---|---|---|---|---|---|---|---|---|
| | | | | | 干物质 | 有机物 | 粗蛋白质 | 真蛋白质 | 粗脂肪 | 粗纤维 | 无氮浸出物 | 粗灰分 | 干物质 | 有机物 | 粗蛋白质 | 真蛋白质 | 粗脂肪 | 粗纤维 | 无氮浸出物 | 粗灰分 |
| 玉米 | 罗斯托夫省 | "AЁвори-Кинг"品种 | — | 大白种去势公猪(成年动物) | 80.1 | 78.9 | 9.8 | 8.8 | 5.9 | 1.4 | 61.8 | 1.2 | 88.4 | 89.9 | 85.9 | — | 61.3 | 30.2 | 94.3 | — |
| 玉米(籽粒) | 罗斯托夫省 | "Лиминг"品种 | — | 小公猪(成年动物) | 78.2 | 77.1 | 9.8 | 8.3 | 3.3 | 1.6 | 62.4 | 1.1 | 86.4 | 87.9 | 86.7 | — | 55.4 | 25.8 | 91.4 | — |
| 粗磨玉米 | 格鲁吉亚苏维埃社会主义共和国 | 饲料用水调成厚粥状 | 1933 | 6～7个月的当地卡黑金母猪和大白种公猪的杂种小公猪(年青动物) | 90.8 | 89.1 | 10.2 | — | 3.1 | 1.9 | 73.9 | 1.7 | 88.1 | — | 80.1 | — | 52.6 | 34.7 | 94.5 | — |

摘自:《饲料消化性》(1960)P322-323,P328-329。

### 4. 马对玉米的消化率

**表 2-4-4 马对玉米的消化率**

| 名称 | 来源 | 样品描述 | 试验时间 | 实验动物 | 饲料成分(在原来含水情况下的%) | | | | | | | | 消化率(%) | | | | | | | |
|---|---|---|---|---|---|---|---|---|---|---|---|---|---|---|---|---|---|---|---|---|
| | | | | | 干物质 | 有机物 | 粗蛋白质 | 真蛋白质 | 粗脂肪 | 粗纤维 | 无氮浸出物 | 粗灰分 | 干物质 | 有机物 | 粗蛋白质 | 真蛋白质 | 粗脂肪 | 粗纤维 | 无氮浸出物 | 粗灰分 |
| 玉米粉 | 列宁格勒省 | — | 1927—1928 | 役用去势马(成年动物) | 83.7 | 82.4 | 9.1 | 8.4 | 3.2 | 1.8 | 68.3 | 1.3 | 93.8 | 94.5 | 60.7 | 59.5 | 60.2 | — | — | 46.5 |

摘自:《饲料消化性》(1960)P342-343。

5. 家兔对玉米的消化率

表 2-4-5 家兔对玉米的消化率

| 名称 | 来源 | 样品描述 | 试验时间 | 实验动物 | 饲料成分(在原来含水情况下的%) | | | | | | | | 消化率(%) | | | | | | | |
|---|---|---|---|---|---|---|---|---|---|---|---|---|---|---|---|---|---|---|---|---|
| | | | | | 干物质 | 有机物 | 粗蛋白质 | 真蛋白质 | 粗脂肪 | 粗纤维 | 无氮浸出物 | 粗灰分 | 干物质 | 有机物 | 粗蛋白质 | 真蛋白质 | 粗脂肪 | 粗纤维 | 无氮浸出物 | 粗灰分 |
| 玉米粒 | 莫斯科省 | — | — | — | — | — | — | — | — | — | — | — | 96.0 | 93.0 | 75.0 | 93.0 | 95.0 | — | 85.0 | — |
| 玉米粒 | 莫斯科省 | — | 1933 | 辛西尔种公兔 | 86.2 | 84.5 | 9.4 | 9.0 | 6.5 | 1.8 | 66.9 | 1.7 | 90.0 | 88.0 | 77.0 | 81.5 | 93.0 | — | 79.0 | — |
| 玉米粉 | 萨拉托夫省 | — | 1935 | — | — | — | — | — | — | — | — | — | 89.8 | 91.0 | 83.8 | 80.9 | 85.9 | 2.6 | 94.2 | 5.6 |

摘自:《饲料消化性》(1960)P364-365,P366-367。

6. 狗对玉米的消化率

表 2-4-6 狗对玉米的消化率

| 名称 | 来源 | 样品描述 | 试验时间 | 实验动物 | 饲料成分(在原来含水情况下的%) | | | | | | | | 消化率(%) | | | | | | | |
|---|---|---|---|---|---|---|---|---|---|---|---|---|---|---|---|---|---|---|---|---|
| | | | | | 干物质 | 有机物 | 粗蛋白质 | 真蛋白质 | 粗脂肪 | 粗纤维 | 无氮浸出物 | 粗灰分 | 干物质 | 有机物 | 粗蛋白质 | 真蛋白质 | 粗脂肪 | 粗纤维 | 无氮浸出物 | 粗灰分 |
| 玉米碎粒 | 莫斯科省 | — | 1934 | 德意志牧羊公犬 | 87.2 | 86.8 | 10.1 | — | 0.7 | 0.2 | 75.8 | 0.4 | 99.1 | 99.4 | 95.8 | — | — | — | 99.9 | — |

摘自:《饲料消化性》(1960)P370-371。

## 2.4.2 И.С.波波夫.1955.饲养标准和饲料表.董景实,等译(1956)[14]

1. 钙、磷含量

表 2-4-7 钙、磷含量(g/kg)

| 饲料名称 | 钙 | 磷 |
|---|---|---|
| 玉米(平均) | 0.42 | 3.10 |

摘自:《饲养标准和饲料表》(1956)P125。

## 2. 维生素含量

(1)胡萝卜素含量

表 2-4-8　胡萝卜素含量(mg/kg)*

| 饲料名称 | 胡萝卜素 | |
|---|---|---|
| | 平均 | 升降幅度 |
| 白玉米 | 0.7 | 0～1.1 |
| 黄玉米 | 4.7 | 3.2～9.0 |

注:* 饲料内胡萝卜素的含量主要引用扎哈尔琴科(И. М. Захарченко)所著的书以及"苏联饲料"一书和其他的著作。
摘自:《饲养标准和饲料表》(1956)P131。

(2)维生素 B 族的含量

表 2-4-9　维生素 B 族的含量(mg/kg)

| 饲料名称 | 维生素 $B_1$ | 维生素 $B_2$ | 尼克酰胺(维生素 $B_3$) |
|---|---|---|---|
| 玉米籽实 | 4.7 | 1.3 | 14 |

摘自:《饲养标准和饲料表》(1956)P132。

## 3. 可消化纯蛋白质及燕麦饲料单位

表 2-4-10　可消化纯蛋白质及燕麦饲料单位

| 饲料(kg) | 干玉米,平均 | | 湿玉米,平均 | | 马齿玉米(干的) | | 含硅酸的玉米(干的) | | 沙地生长的玉米 | |
|---|---|---|---|---|---|---|---|---|---|---|
| | 可消化纯蛋白质(g) | 饲料单位(kg) | 可消化纯蛋白质(g) | 饲料单位(kg) | 可消化纯蛋白质(g) | 饲料单位(kg) | 可消化纯蛋白质(g) | 饲料单位(kg) | 可消化纯蛋白质(g) | 饲料单位(kg) |
| 0.1 | 7 | 0.13 | 7 | 0.13 | 6 | 0.13 | 7 | 0.13 | 4 | 0.11 |
| 0.3 | 21 | 0.40 | 20 | 0.38 | 19 | 0.40 | 21 | 0.40 | 12 | 0.34 |
| 0.5 | 35 | 0.67 | 33 | 0.63 | 32 | 0.67 | 36 | 0.67 | 20 | 0.56 |
| 0.7 | 48 | 0.94 | 46 | 0.88 | 44 | 0.94 | 50 | 0.94 | 28 | 0.79 |
| 1.0 | 69 | 1.31 | 66 | 1.26 | 63 | 1.34 | 71 | 1.34 | 40 | 1.12 |
| 2.0 | 138 | 2.67 | 132 | 2.52 | 126 | 2.68 | 142 | 2.68 | 80 | 2.25 |
| 3.0 | 207 | 4.01 | 198 | 3.79 | 189 | 4.02 | 213 | 4.03 | 120 | 3.37 |
| 4.0 | 276 | 5.35 | 264 | 5.05 | 252 | 5.36 | 284 | 5.37 | 160 | 4.49 |
| 5.0 | 345 | 6.69 | 330 | 6.31 | 315 | 6.70 | 355 | 6.71 | 200 | 5.62 |

注:原文仅为"饲料单位",编者推测应为"燕麦饲料单位"。
摘自:《饲养标准和饲料表》(1956)P201-202。

### 2.4.3 A.П.克拉什尼科夫,等.1985.苏联家畜饲养标准和日粮. 颜礼复,译(1990)[15]

#### 1. 家禽饲料中的营养物质含量

表 2-4-11 家禽饲料中的营养物质含量

| 饲料名称 | 含水量 | 代谢能(100 g 饲料中) | | 粗蛋白质 | 粗脂肪 | 粗纤维 | 钙 | 磷 | 钠 |
|---|---|---|---|---|---|---|---|---|---|
| | % | MJ | kcal | % | % | % | % | % | % |
| 玉米(苏联) | 13.0 | 1.382 | 330 | 9.0 | 4.0 | 2.2 | 0.05 | 0.30 | 0.03 |
| 玉米(进口) | 13.5 | 1.374 | 328 | 8.6 | 3.9 | 2.2 | 0.06 | 0.29 | 0.03 |
| 玉米粉 | 12.0 | 1.257 | 300 | 9.3 | 3.8 | 3.0 | 0.04 | 0.30 | 0.04 |

摘自:《苏联家畜饲养标准和日粮》(1990)P210。

#### 2. 家禽饲料中氨基酸含量

表 2-4-12 家禽饲料中氨基酸含量(%)

| 饲料名称 | 粗蛋白质 | 赖氨酸 | 蛋氨酸 | 胱氨酸 | 色氨酸 | 精氨酸 | 组氨酸 | 亮氨酸 | 异亮氨酸 | 苯丙氨酸 | 酪氨酸 | 苏氨酸 | 缬氨酸 | 甘氨酸 |
|---|---|---|---|---|---|---|---|---|---|---|---|---|---|---|
| 玉米(苏联) | 9.0 | 0.28 | 0.16 | 0.11 | 0.08 | 0.42 | 0.26 | 1.20 | 0.36 | 0.45 | 0.37 | 0.32 | 0.46 | 0.36 |
| 玉米(进口) | 8.6 | 0.26 | 0.15 | 0.09 | 0.09 | 0.40 | 0.25 | 1.15 | 0.34 | 0.43 | 0.36 | 0.30 | 0.44 | 0.35 |
| 玉米粉 | 9.3 | 0.26 | 0.14 | 0.10 | 0.80 | — | — | — | — | — | — | — | — | — |

摘自:《苏联家畜饲养标准和日粮》(1990)P213。

#### 3. 家禽饲料中维生素含量

表 2-4-13 家禽饲料中维生素含量

| 饲料名称 | 胡萝卜素 (mg/kg) | 维生素 E (mg/kg) | 维生素 $B_1$ (mg/kg) | 维生素 $B_2$ (mg/kg) | 维生素 $B_3$ (mg/kg) | 维生素 $B_4$ (mg/kg) | 维生素 PP (mg/kg) | 维生素 $B_6$ (mg/kg) | 叶酸(维生素 Bc) (mg/kg) | 维生素 $B_{12}$ (μg/kg) |
|---|---|---|---|---|---|---|---|---|---|---|
| 黄玉米 | 3 | 30 | 4 | | | 440 | 18 | 2.9 | 0.06 | — |

摘自:《苏联家畜饲养标准和日粮》(1990)P216。

#### 4. 家禽饲料中微量元素含量

表 2-4-14 家禽饲料中微量元素含量(mg/kg)

| 饲料名称 | 铁 | 锌 | 锰 | 铜 | 钴 | 碘 |
|---|---|---|---|---|---|---|
| 玉米 | 32 | 26 | 7 | 2 | 20 | — |

摘自:《苏联家畜饲养标准和日粮》(1990)P217。

## 5. 家禽饲料中主要脂肪酸含量

表 2-4-15　禽饲料中主要脂肪酸含量(占风干物质%)

| 饲料名称 | 软脂酸 | 硬脂酸 | 油酸 | 亚油酸 | 亚麻酸 |
|---|---|---|---|---|---|
| 玉米 | 0.60 | 0.10 | 1.15 | 1.78 | 0.09 |

摘自:《苏联家畜饲养标准和日粮》(1990)P218。

## 6. 兔和水獭饲料成分和营养价值表

表 2-4-16　兔和水獭饲料成分和营养价值表(每 100 g 标准湿度饲料中的含量)

| 饲料 | 饲料单位(g) | 代谢能 | | 干物质(%) | 粗蛋白质 | | 粗脂肪(g) | 粗纤维(g) | 钙(g) | 磷(g) | 胡萝卜素(mg) | 铁(mg) | 铜(mg) | 锌(mg) | 锰(mg) |
|---|---|---|---|---|---|---|---|---|---|---|---|---|---|---|---|
| | | kcal | MJ | | 粗蛋白质(g) | 可消化粗蛋白质(g) | | | | | | | | | |
| 玉米籽粒 | 130 | 325 | 1.36 | 85.2 | 10.0 | 7.8 | 4.1 | 2.5 | 0.05 | 0.30 | 0.7 | 4.2 | 0.60 | 1.95 | 0.88 |

注:原文未给出标准湿度的解释。

摘自:《苏联家畜饲养标准和日粮》(1990)P219。

## 7. 家畜(牛、猪、羊)饲料成分和营养价值表

表 2-4-17　家畜(牛、猪、羊)饲料成分和营养价值表(每 1 kg 中含量)

| 原料名称 | 饲料单位 | 代谢能(牛) | 代谢能(猪) | 代谢能(绵羊) | 干物质 | 粗蛋白质 | 可消化粗蛋白质 | 粗脂肪 | 粗纤维 | 无氮浸出物 | 无氮浸出物中淀粉 | 无氮浸出物中糖 | 赖氨酸 | 蛋氨酸+胱氨酸 |
|---|---|---|---|---|---|---|---|---|---|---|---|---|---|---|
| 单位 | MJ | MJ | MJ | g | g | g | g | g | g | g | g | g | g | g |
| 白玉米 | 1.33 | 12.80 | 13.66 | 12.90 | 850 | 92 | 67 | 43 | 43 | 658 | 560 | 20 | 2.8 | 1.8 |
| 黄玉米 | 1.33 | 12.20 | 13.67 | 12.89 | 850 | 103 | 73 | 42 | 38 | 653 | 555 | 40 | 2.1 | 3.3 |
| 玉米苞 | 1.11 | 10.70 | 11.34 | 11.04 | 850 | 82 | 48 | 43 | 34 | 675 | 545 | 30 | 1.9 | 3.3 |

| 原料名称 | 常量元素 | | | | | | | 微量元素 | | | | | | 维生素 | | | | | | | | | | |
|---|---|---|---|---|---|---|---|---|---|---|---|---|---|---|---|---|---|---|---|---|---|---|---|---|
| | 钙 | 磷 | 镁 | 钾 | 钠 | 氯 | 硫 | 铁 | 铜 | 锌 | 锰 | 钴 | 碘 | 胡萝卜素 | 维生素 A | 维生素 D | 维生素 E | 维生素 $B_1$ | 维生素 $B_2$ | 烟酸 | 生物素 | 泛酸 | 维生素 $B_6$ | 维生素 $B_{12}$ |
| 单位 | g | g | g | g | g | g | g | mg | mg | mg | mg | mg | mg | mg | IU | IU | mg | mg | mg | mg | mg | mg | mg | mg |
| 白玉米 | 0.4 | 2.7 | 1.5 | 3.7 | 0.1 | 1.4 | 0.3 | 42 | 6.0 | 19.5 | 8.8 | 0.06 | 0.13 | 0.4 | — | — | 15.0 | 4.6 | 1.4 | 4.0 | 500 | 16 | 8 | — |
| 黄玉米 | 0.5 | 5.2 | 1.4 | 5.2 | 1.3 | 1.0 | 0.5 | 303 | 2.9 | 29.6 | 3.9 | 0.06 | 0.12 | 6.8 | 2.2 | — | 22.6 | 4.0 | 1.2 | 7.5 | 450 | 33.6 | 4.3 | — |
| 玉米苞 | 0.4 | 2.3 | 1.3 | 4.2 | 1.1 | 1.9 | 0.6 | 7 | 6.6 | 25.6 | 11.1 | 0.29 | 0.06 | 3 | 2 | — | 20.0 | 4.7 | 0.9 | 4.2 | 350 | 17.5 | 8.0 | — |

注:白玉米、黄玉米和玉米苞,原文均在"籽粒"分类处。

摘自:《苏联家畜饲养标准和日粮》(1990)P257-258。

## 2.5 美国资料

### 2.5.1 B.H.Schneider等.1947.Feeds of the World—Their Digestibility and Composition(世界饲料成分及消化率)*[16]

**1. 牛用饲料成分和消化率**

**表 2-5-1 牛用饲料成分和消化率**

| 饲料样品描述 | 可消化养分及常规成分(饲喂基础) | | | | | | | | | 消化率(%) | | | | | |
|---|---|---|---|---|---|---|---|---|---|---|---|---|---|---|---|
| | 干物质 DM (%) | 可消化粗蛋白质 DCP(%) | 总可消化养分 TDN (%) | 营养比 Nutritive ratio (1: ) | 粗灰分 Ash(%) | 粗蛋白质 CP (%) | 粗纤维 CF(%) | 无氮浸出物 NFE (%) | 粗脂肪 EE(%) | 有机物 Organic matter | 粗蛋白质 CP | 粗纤维 CF | 无氮浸出物 NFE | 粗脂肪 EE | 实验次数 |
| 玉米籽粒 (Corn grain) | 87.7 | 7.2 | 79.5 | 10.0 | 1.3 | 9.6 | 2.5 | 70.3 | 4.0 | 87 | 75 | 19 | 91 | 87 | 6 |
| 玉米籽粒 (Corn grain) | 86.7 | 5.7 | 74.4 | 12.1 | 1.4 | 9.0 | 2.0 | 71.2 | 3.1 | 84 | 63 | 13 | 88 | 83 | 40 |
| 玉米籽粒,含油4%以下(Corn grain,under 4% fat) | 87.2 | 5.5 | 75.6 | 12.7 | 1.5 | 8.6 | 2.1 | 71.8 | 3.2 | 84 | 64 | 49 | 88 | 81 | 18 |
| 玉米籽粒,含油4%(Corn grain,4% fat) | 86.2 | 5.8 | 76.7 | 12.3 | 1.4 | 9.3 | 2.0 | 69.1 | 4.4 | 83 | 62 | 83 | 88 | 85 | 22 |
| 玉米籽粒,含水分14%以下(Corn grain, under 14% moisture) | 87.2 | 5.9 | 78.0 | 12.1 | 1.4 | 9.3 | 1.9 | 70.5 | 4.1 | 86 | 64 | 37 | 90 | 86 | 24 |
| 玉米籽粒,含水分14%~15.5%(Corn grain, 14%~15.5% moisture) | 85.8 | 4.9 | 67.0 | 12.8 | 1.2 | 8.7 | 2.1 | 69.9 | 3.9 | 75 | 56 | 32 | 78 | 78 | 4 |
| 玉米籽粒,含水分17.5%~20%(Corn grain, 17.5%~20% moisture) | 81.6 | 5.5 | 67.8 | 11.1 | 1.1 | 9.6 | 1.5 | 65.6 | 3.8 | 79 | 58 | −178 | 87 | 92 | 2 |
| 玉米籽粒,粗蛋白质含量低于9%(Corn grain, under 9% protein) | 87.4 | 5.2 | 74.6 | 13.5 | 1.4 | 8.6 | 2.1 | 71.6 | 3.7 | 82 | 60 | 28 | 87 | 80 | 26 |
| 玉米籽粒,粗蛋白质含量9%(Corn grain,9% protein) | 86.0 | 6.8 | 77.5 | 10.4 | 1.4 | 9.9 | 1.9 | 68.5 | 4.3 | 86 | 69 | −16 | 91 | 89 | 14 |

摘自:Feeds of the World—Their Digestibility and Composition(1947)P182-183。

* 此资料某些指标(如粗纤维消化率、可消化粗蛋白质、营养比)可能存在不合理数据,请慎用。Nutritive ratio 翻译为营养比,等于饲料中可消化蛋白质与其他总可消化营养物之比。另:原文有干物质基础可消化养分及常规成分数据,此处略去,读者可自行换算。下同。

2. 绵羊和山羊用饲料成分及消化率

**表 2-5-2 绵羊和山羊用饲料成分及消化率**

| 饲料样品描述 | 可消化养分及常规成分(饲喂基础) | | | | | | | | | 消化率(%) | | | | | |
|---|---|---|---|---|---|---|---|---|---|---|---|---|---|---|---|
| | 干物质 DM (%) | 可消化粗蛋白质 DCP(%) | 总可消化养分 TDN (%) | 营养比 Nutritive ratio (1: ) | 粗灰分 Ash(%) | 粗蛋白质 CP (%) | 粗纤维 CF(%) | 无氮浸出物 NFE (%) | 粗脂肪 EE(%) | 有机物 Organic matter | 粗蛋白质 CP | 粗纤维 CF | 无氮浸出物 NFE | 粗脂肪 EE | 实验次数 |
| 玉米籽粒 (Corn grain) | 86.0 | 7.5 | 84.5 | 10.2 | 1.6 | 9.6 | 2.2 | 68.0 | 4.6 | 94 | 78 | 30 | 99 | 87 | 1 |
| 玉米籽粒(山羊) (Corn grain, Goats) | 87.3 | 5.9 | 77.9 | 12.2 | 1.3 | 8.8 | 1.6 | 71.2 | 4.4 | 91 | 67 | −182 | 94 | 80 | 1 |
| 玉米籽粒 (Corn grain) | 86.4 | 6.7 | 80.5 | 10.9 | 1.5 | 9.7 | 1.7 | 69.7 | 3.8 | 89 | 70 | 93 | 93 | 85 | 29 |
| 玉米籽粒(山羊) (Corn grain, Goats) | 87.3 | 86.2 | 15.6 | 0 | 1.3 | 8.8 | 1.6 | 71.2 | 4.4 | 94 | 59 | −41 | 101 | 98 | 2 |
| 玉米籽粒,硬质,阿根廷(Corn grain, flint, Argentine) | 89.9 | 8.9 | 90.4 | 9.2 | 1.4 | 10.3 | 2.0 | 71.4 | 4.8 | 96 | 86 | 94 | 98 | 91 | 2 |
| 玉米籽粒,含油 4%以下 (Corn grain, under 4% fat) | 86.3 | 6.7 | 80.4 | 10.9 | 1.4 | 9.8 | 1.7 | 70.0 | 3.4 | 89 | 69 | 120 | 93 | 85 | 18 |
| 玉米籽粒,含油 4% (Corn grain, 4% fat) | 86.5 | 6.9 | 79.8 | 10.6 | 1.6 | 9.7 | 1.9 | 68.7 | 4.6 | 88 | 71 | 45 | 92 | 86 | 10 |
| 玉米籽粒,含水量 14%以下 (Corn grain, under 14% moisture) | 87.6 | 6.3 | 80.3 | 11.8 | 1.3 | 9.6 | 1.7 | 71.0 | 4.0 | 88 | 65 | 84 | 92 | 81 | 17 |
| 玉米籽粒,含水量 14%～15.5% (Corn grain, 14%～15.5% moisture) | 85.4 | 7.7 | 80.6 | 9.5 | 1.7 | 10.1 | 1.9 | 68.7 | 3.0 | 91 | 76 | 121 | 94 | 90 | 9 |
| 玉米籽粒,含水量 17.5%～20% (Corn grain, 17.5%～20% moisture) | 80.2 | 6.6 | 77.4 | 10.7 | 1.9 | 8.3 | 2.1 | 62.6 | 5.3 | 91 | 80 | 53 | 93 | 96 | 2 |
| 玉米籽粒,含粗蛋白质 9%以下 (Corn grain, under 9% protein) | 84.8 | 5.7 | 77.6 | 12.7 | 1.4 | 8.7 | 1.9 | 68.3 | 4.5 | 88 | 65 | 44 | 92 | 82 | 6 |
| 玉米籽粒,含粗蛋白质 9% (Corn grain, 9% protein) | 86.8 | 7.1 | 81.0 | 10.4 | 1.6 | 10.0 | 1.7 | 69.9 | 3.6 | 90 | 71 | 107 | 93 | 86 | 22 |

摘自:Feeds of the World—Their Digestibility and Composition(1947)P226-229。

### 3. 猪用饲料成分及消化率

表 2-5-3 猪用饲料成分及消化率

| 饲料样品描述 | 可消化养分及常规成分(饲喂基础) | | | | | | | | | 消化率(%) | | | | | |
|---|---|---|---|---|---|---|---|---|---|---|---|---|---|---|---|
| | 干物质 DM (%) | 可消化粗蛋白质 DCP(%) | 总可消化养分 TDN (%) | 营养比 Nutritive ratio (1: ) | 粗灰分 Ash(%) | 粗蛋白质 CP (%) | 粗纤维 CF(%) | 无氮浸出物 NFE (%) | 粗脂肪 EE(%) | 有机物 Organic matter | 粗蛋白质 CP | 粗纤维 CF | 无氮浸出物 NFE | 粗脂肪 EE | 实验次数 |
| 玉米籽粒 (Corn grain) | 86.6 | 5.1 | 57.8 | 10.2 | 1.4 | 9.2 | 2.3 | 69.9 | 3.8 | 88 | 56 | 21 | 69 | 46 | 63 |
| 玉米籽粒 (Corn grain) | 86.7 | 6.8 | 76.7 | 10.3 | 1.5 | 8.9 | 2.0 | 70.7 | 3.6 | 86 | 76 | 3 | 90 | 78 | 14 |
| 玉米籽粒,含油量低于 4% (Corn grain, under 4% fat) | 86.7 | 7.4 | 79.5 | 9.8 | 1.3 | 9.2 | 2.2 | 70.4 | 3.6 | 89 | 80 | 40 | 93 | 72 | 36 |
| 玉米籽粒,含油量低于 4% (Corn grain, under 4% fat) | 86.4 | 6.2 | 75.3 | 11.2 | 1.3 | 8.5 | 2.0 | 71.7 | 2.9 | 85 | 73 | −21 | 89 | 86 | 8 |
| 玉米籽粒,含油 4% (Corn grain, 4% fat) | 86.7 | 7.7 | 79.5 | 9.3 | 1.4 | 9.6 | 2.3 | 69.2 | 4.2 | 89 | 80 | 48 | 93 | 67 | 27 |
| 玉米籽粒,含油 4% (Corn grain, 4% fat) | 87.2 | 7.6 | 78.9 | 9.4 | 1.7 | 9.6 | 2.0 | 69.5 | 4.4 | 88 | 79 | 36 | 92 | 67 | 6 |
| 玉米籽粒,含水量 14%以下(Corn grain, under 14% moisture) | 87.6 | 7.5 | 80.4 | 9.7 | 1.3 | 9.4 | 2.3 | 70.7 | 3.9 | 90 | 80 | 47 | 93 | 70 | 46 |
| 玉米籽粒,含水量 14%~15.5% (Corn grain, 14%~15.5% moisture) | 85.1 | 8.3 | 79.5 | 8.5 | 1.2 | 10.3 | 1.8 | 67.5 | 4.3 | 90 | 81 | 41 | 94 | 72 | 3 |
| 玉米籽粒,含水量 15.5%~17.5% (Corn grain, 15.5%~17.5% moisture) | 83.9 | 6.9 | 75.5 | 10.0 | 1.3 | 9.1 | 2.0 | 68.0 | 3.5 | 88 | 76 | 35 | 92 | 67 | 10 |
| 玉米籽粒,含水量 17.5%~20% (Corn grain, 17.5%~20% moisture) | 81.0 | 6.2 | 18.8 | 2.1 | 1.4 | 8.0 | 1.8 | 65.6 | 4.2 | 87 | 77 | 34 | 92 | 64 | 2 |

续表 2-5-3

| 饲料样品描述 | 可消化养分及常规成分(饲喂基础) | | | | | | | | | 消化率(%) | | | | | |
|---|---|---|---|---|---|---|---|---|---|---|---|---|---|---|---|
| | 干物质 DM (%) | 可消化粗蛋白质 DCP(%) | 总可消化养分 TDN (%) | 营养比 Nutritive ratio (1:  ) | 粗灰分 Ash(%) | 粗蛋白质 CP (%) | 粗纤维 CF(%) | 无氮浸出物 NFE (%) | 粗脂肪 EE(%) | 有机物 Organic matter | 粗蛋白质 CP | 粗纤维 CF | 无氮浸出物 NFE | 粗脂肪 EE | 实验次数 |
| 玉米籽粒,含粗蛋白质 9%以下(Corn grain,under 9% protein) | 87.2 | 6.8 | 79.6 | 10.7 | 1.3 | 8.7 | 2.4 | 71.2 | 3.6 | 89 | 78 | 50 | 93 | 67 | 20 |
| 玉米籽粒,含粗蛋白质 9%以下(Corn grain,under 9% protein) | 86.4 | 6.2 | 75.3 | 11.2 | 1.3 | 8.5 | 2.0 | 71.7 | 2.9 | 85 | 73 | −21 | 89 | 86 | 8 |
| 玉米籽粒,含粗蛋白质 9%(Corn grain,9% protein) | 86.3 | 7.8 | 79.2 | 9.2 | 1.4 | 9.7 | 2.2 | 69.0 | 4.0 | 89 | 80 | 41 | 93 | 71 | 43 |
| 玉米籽粒,含粗蛋白质 9%(Corn grain,9% protein) | 87.2 | 7.6 | 78.9 | 9.4 | 1.7 | 9.6 | 2.0 | 69.5 | 4.4 | 88 | 79 | 36 | 92 | 67 | 6 |
| 玉米籽粒,熟化 (Corn grain,cooked) | 87.0 | 8.1 | 79.1 | 8.8 | 1.8 | 9.4 | 1.6 | 69.7 | 4.5 | 89 | 86 | 23 | 92 | 64 | 2 |
| 玉米籽粒,去胚的 (Corn grain,degermed) | 85.4 | 7.4 | 79.4 | 9.7 | 0.8 | 9.7 | 1.1 | 71.1 | 2.7 | 92 | 76 | 34 | 95 | 68 | 4 |
| 玉米籽粒,去胚,熟化的(Corn grain,degermed,cooked) | 93.6 | 9.3 | 92.7 | 9.0 | 0.9 | 9.8 | 1.3 | 80.0 | 1.6 | 98 | 94 | 94 | 99 | 85 | 2 |
| 玉米片 (Corn flakes) | 88.8 | 9.9 | 84.7 | 7.6 | 0.9 | 10.4 | 0.6 | 74.9 | 2.0 | 95 | 95 | 30 | 97 | 45 | 2 |

摘自:Feeds of the World—Their Digestibility and Composition(1947)P284-285。

### 4. 马用饲料成分及消化率

表 2-5-4 马用饲料成分及消化率

| 饲料样品描述 | 可消化养分及常规成分(饲喂基础) | | | | | | | | | 消化率(%) | | | | | |
|---|---|---|---|---|---|---|---|---|---|---|---|---|---|---|---|
| | 干物质 DM (%) | 可消化粗蛋白质 DCP(%) | 总可消化养分 TDN (%) | 营养比 Nutritive ratio (1: ) | 粗灰分 Ash(%) | 粗蛋白质 CP (%) | 粗纤维 CF(%) | 无氮浸出物 NFE (%) | 粗脂肪 EE(%) | 有机物 Organic matter | 粗蛋白质 CP | 粗纤维 CF | 无氮浸出物 NFE | 粗脂肪 EE | 实验次数 |
| 玉米籽粒 (Corn grain) | 85.3 | 8.9 | 83.3 | 8.4 | 1.2 | 10.2 | 2.2 | 67.6 | 4.1 | 94 | 87 | 65 | 97 | 81 | 2 |
| 玉米籽粒 (Corn grain) | 84.6 | 6.3 | 71.4 | 10.2 | 1.4 | 9.2 | 2.0 | 68.2 | 3.8 | 83 | 69 | −31 | 89 | 59 | 10 |
| 玉米籽粒,粗蛋白质含量低于9% (Corn grain, under 9% protein) | 84.9 | 5.7 | 68.9 | 11.1 | 1.2 | 8.5 | 2.4 | 69.6 | 3.2 | 80 | 67 | | 85 | 56 | 4 |
| 玉米籽粒,粗蛋白质含量 9% (Corn grain, 9% protein) | 84.2 | 6.7 | 73.3 | 9.9 | 1.5 | 9.6 | 1.8 | 67.2 | 4.1 | 85 | 70 | −51 | 92 | 61 | 6 |

摘自:Feeds of the World—Their Digestibility and Composition(1947)P294-297。

## 2.5.2 Feedstuffs Ingredient Analysis Table(饲料原料分析表).1980—2016[17]

### 1. 营养成分及营养价值

表 2-5-5 营养成分及营养价值

| 年份 | 原料名称 | 国际饲料编号 IFN | 干物质 DM (%) | 粗蛋白质 CP (%) | 粗脂肪 Crude fat (%) | 粗纤维 CF (%) | 钙 Ca (%) | 总磷 Total P (%) | 有效磷 Available P(%) | 粗灰分 Ash (%) | 瘤胃降解蛋白质 RDP (%) | 反刍动物总可消化养分 Ruminant TDN (%) | 家禽生产能 Poultry PE (kcal/kg) | 家禽代谢能 Poultry ME (kcal/lb.) | 家禽代谢能 Poultry ME (kcal/kg) | 家禽真代谢能 True Poultry ME (kcal/kg) | 猪代谢能 Swine ME (kcal/lb.) | 猪代谢能 Swine ME (kcal/kg) | 猪总可消化养分 Swine TDN (%) |
|---|---|---|---|---|---|---|---|---|---|---|---|---|---|---|---|---|---|---|---|
| 1980—1989 | 黄玉米 Corn, yellow, grain (下同) | 4-02-935 | 88.0 | 8.9 | 3.5 | 2.9 | 0.01 | 0.25 | | 1.5 | 5.8 | 80 | 2420 | | 3366 | | | 3168 | 80 |
| 1990—1993 | 黄玉米 | 4-02-935 | 88.0 | 8.9 | 3.5 | 2.9 | 0.01 | 0.25 | | 1.5 | 5.8 | 80 | 2420 | | 3366 | 3455 | | 3168 | 80 |

续表 2-5-5

| 年份 | 原料名称 | 国际饲料编号 IFN | 干物质 DM (%) | 粗蛋白质 CP (%) | 粗脂肪 Crude fat (%) | 粗纤维 CF (%) | 钙 Ca (%) | 总磷 Total P (%) | 有效磷 Available P(%) | 粗灰分 Ash (%) | 瘤胃降解蛋白质 RDP (%) | 反刍动物总可消化养分 Ruminant TDN (%) | 家禽生产能 Poultry PE (kcal/kg) | 家禽代谢能 Poultry ME (kcal/lb.) | 家禽代谢能 Poultry ME (kcal/kg) | 家禽真代谢能 True Poultry ME (kcal/kg) | 猪代谢能 Swine ME (kcal/lb.) | 猪代谢能 Swine ME (kcal/kg) | 猪总可消化养分 Swine TDN (%) |
|---|---|---|---|---|---|---|---|---|---|---|---|---|---|---|---|---|---|---|---|
| 1994 | 黄玉米 | 4-02-935 | 86.0 | 7.9 | 3.5 | 2.9 | 0.01 | 0.25 | | 1.5 | 5.8 | 80 | | 1540 | 3390 | | 1520 | 3350 | 80 |
| 1995—1997 | 黄玉米 | 4-02-935 | 86 | 7.9 | 3.5 | 2.9 | 0.01 | 0.25 | | 1.5 | 5.8 | 80 | | 1540 | 3390 | | 1520 | 3350 | 80 |
| 1998 | 黄玉米 | 4-02-935 | 86 | 7.9 | 3.5 | 1.9 | 0.01 | 0.25 | 0.09 | 1.1 | 5.8 | 80 | | 1540 | 3390 | | 1520 | 3350 | |
| 1999—2004 | 黄玉米 | | 87 | 7.9 | 3.5 | 1.9 | 0.01 | 0.25 | 0.09 | 1.1 | 5.8 | 80 | | 1540 | 3390 | | 1520 | 3350 | |
| 2005—2010 | 黄玉米 | | 87 | 7.5 | 3.5 | 1.9 | 0.01 | 0.25 | 0.09 | 1.1 | 5.8 | 80 | | 1540 | 3390 | | 1520 | 3350 | |
| 2011—2012 | 黄玉米 | | 86 | 7.5 | 3.5 | 1.9 | 0.01 | 0.23 | 0.09 | 1.1 | 5.8 | 80 | | 1540 | 3390 | | 1520 | 3350 | |
| 2013—2016 | 黄玉米 | | 86 | 7.5 | 3.5 | 1.9 | 0.01 | 0.28 | 0.12 | 1.1 | 5.8 | 80 | | 1530 | 3373 | | 1520 | 3350 | |
| 1997 | 高油玉米 Corn, high oil, grain (下同) | n/a | 86 | 8.4 | 6.3 | 2.0 | 0.01 | 0.26 | | 1.2 | n/a | 85 | | 1615 | 3560 | | 1595 | 3520 | 85 |
| 1998 | 高油玉米 | n/a | 86 | 8.4 | 6.3 | 2.0 | 0.01 | 0.26 | 0.09 | 1.2 | n/a | 85 | | 1615 | 3560 | | 1595 | 3520 | |
| 1999—2016 | 高油玉米 | | 87 | 8.4 | 6.0 | 2.0 | 0.01 | 0.26 | 0.09 | 1.2 | n/a | 85 | | 1615 | 3560 | | 1595 | 3520 | |

注:RDP=Ruminant digestible protein,瘤胃降解蛋白质;n/a 表示 Data not available,数据不可用;"—"处表示含量不显著;表中所有数据均为饲喂基础;将以"cal/kg"为单位数值除以 2.2,即可换算为以"cal/lb."为单位数值;下同。"有效磷"处自 2007 年开始有备注,为鸡(chicks)测定值。此资料的期数和页码不再备注。此资料后表原料名称英文不再赘述。

## 2. 氨基酸含量

表 2-5-6 氨基酸含量(%)

| 年份 | 原料名称 | 国际饲料编号 IFN | 蛋氨酸 Met | (半)胱氨酸 Cystine (Cysteine) * | 赖氨酸 Lys | 色氨酸 Trp | 苏氨酸 Thr | 异亮氨酸 Ile | 组氨酸 His | 缬氨酸 Val | 亮氨酸 Leu | 精氨酸 Arg | 苯丙氨酸 Phe | 甘氨酸 Gly | 家禽氨基酸利用率 Poultry AA availability |
|---|---|---|---|---|---|---|---|---|---|---|---|---|---|---|---|
| 1980—1993 | 黄玉米 | 4-02-935 | 0.17 | 0.13 | 0.22 | 0.09 | 0.34 | 0.37 | 0.19 | 0.42 | 1.0 | 0.52 | 0.44 | 0.33 | 93 |
| 1994 | 黄玉米 | 4-02-935 | 0.17(91) | 0.13(85) | 0.22(81) | 0.09 | 0.34 (84) | 0.37 (88) | 0.19(94) | 0.42(88) | 1.0 (93) | 0.52(89) | 0.44(91) | | |
| 1995—1996 | 黄玉米 | 4-02-935 | 0.18 (91) | 0.18 (85) | 0.25 (81) | 0.09 | 0.34 (84) | 0.37 (88) | 0.19 (94) | 0.42 (88) | 1.0 (93) | 0.52 (89) | 0.44 (91) | | |
| 1997—1998 | 黄玉米 | 4-02-935 | 0.18 (91) | 0.18 (85) | 0.25 (81) | 0.07 | 0.29 (84) | 0.29 (88) | 0.25 (94) | 0.42 (88) | 1.0 (93) | 0.40 (89) | 0.42 (91) | | |
| 1999 | 黄玉米 | | 0.18 (91) | 0.18 (85) | 0.25 (81) | 0.07 | 0.29 (84) | 0.29 (88) | 0.25 (94) | 0.42 (88) | 1.0 (93) | 0.40 (89) | 0.42 (91) | | |
| 2000—2005 | 黄玉米 | | 0.18 (91) | 0.18 (85) | 0.24 (81) | 0.07 | 0.29 (84) | 0.29 (88) | 0.25 (94) | 0.42 (88) | 1.0 (93) | 0.40 (89) | 0.42 (91) | | |
| 2006—2008 | 黄玉米 | | 0.18 (91) | 0.18 (85) | 0.24 (81) | 0.07 | 0.29 (84) | 0.29 (88) | 0.25 (94) | 0.42 (88) | 1.0 (93) | 0.4 (89) | 0.42 (91) | | |
| 2009—2016 | 黄玉米 | | 0.18 (91) | 0.18 (85) | 0.24 (81) | 0.07 (90) | 0.29 (84) | 0.29 (88) | 0.25 (94) | 0.42 (88) | 1.0 (93) | 0.4 (89) | 0.42 (91) | | |
| 1997—1998 | 高油玉米 | n/a | 0.20 | 0.19 | 0.28 | 0.07 | 0.31 | 0.31 | 0.27 | 0.42 | 1.06 | 0.43 | 0.42 | | |
| 1999—2016 | 高油玉米 | | 0.20 | 0.19 | 0.28 | 0.07 | 0.31 | 0.31 | 0.27 | 0.42 | 1.06 | 0.43 | 0.42 | | |

注：* 1980—2005 年为 Cystine(胱氨酸)，2006—2016 年为 Cysteine(半胱氨酸)。括号内数字为利用率，其中 2009—2010 年注释为可利用氨基酸换算系数(amino acid availability coefficients)，为鸡(chickens)测定值；2011—2016 年注释为真可利用氨基酸换算系数(true amino acid availability coefficients)，为去盲肠公鸡(cecectomized roosters)测定值。

### 3. 维生素含量

表 2-5-7 维生素含量

| 年份 | 原料名称 | 国际饲料编号 IFN | 胡萝卜素 Carotene (mg/kg)* | 维生素 A (IU/g)* | 维生素 E (mg/kg)** | 维生素 $B_1$ Thiamin (mg/kg) | 维生素 $B_2$ Riboflavin (mg/kg) | 泛酸 Pantothenic acid (mg/kg) | 生物素 Biotin (μg/kg) | 叶酸 Folic acid (μg/kg) | 胆碱 Choline (mg/kg) | 维生素 $B_{12}$ (μg/kg) | 烟酸 Niacin (mg/kg) |
| --- | --- | --- | --- | --- | --- | --- | --- | --- | --- | --- | --- | --- | --- |
| 1980—1982 | 黄玉米 | 4-02-935 | | 2.2 | 22.0 | 3.7 | 1.1 | 5.7 | 80 | 375 | 440 | — | 21.5 |
| 1983—1990 | 黄玉米 | 4-02-935 | 2 | 2.2 | 22.0 | 3.7 | 1.1 | 5.7 | 80 | 375 | 440 | — | 21.5 |
| 1991—1996 | 黄玉米 | 4-02-935 | 2 | 2.2 | 22 | 3.7 | 1.1 | 5.7 | 80 | 375 | 440 | — | 21.5 |
| 1997—1998 | 黄玉米 | 4-02-935 | 2 | 1.7 | 22 | 2.6 | 1.1 | 3.9 | 80 | 116 | 440 | — | 21.5 |
| 1999—2005 | 黄玉米 | | 2 | 1.7 | 22 | 2.6 | 1.1 | 3.9 | 80 | 116 | 1100 | — | 21.5 |
| 2006—2016 | 黄玉米 | | 2 | 1.7 | 22.0 | 2.60 | 1.10 | 3.9 | 80 | 116 | 1100 | — | 21.5 |
| 1997—1998 | 高油玉米 | n/a | n/a | 1.9 | 28 | 2.5 | n/a | 4.5 | n/a | 112 | n/a | — | 25.0 |
| 1999—2005 | 高油玉米 | | n/a | 1.9 | 28 | 2.5 | n/a | 4.5 | n/a | 112 | n/a | — | 25.0 |
| 2006—2016 | 高油玉米 | | n/a | 1.9 | 28.0 | 2.50 | n/a | 4.5 | n/a | 112 | n/a | — | 25.0 |

注:* 1980—1993 年注释为:假设胡萝卜素可全部转化为维生素 A,实际大多数动物的转化率为 20%～30%,家禽的转化率为 30%～70%。** 1980—1993 年注释为:1 IU 维生素 E 等于 1 mg *DL*—α-tocopheryl acetate(醋酸生育酚)。

**4. 矿物质含量**

表 2-5-8 矿物质含量

| 年份 | 原料名称 | 国际饲料编号 IFN | 钠 Na (%) | 钾 K (%) | 氯 Cl (%) | 镁 Mg (%) | 硫 S (%) | 锰 Mn (ppm) | 铁 Fe (ppm) | 铜 Cu (ppm) | 锌 Zn (ppm) | 硒 Se (ppm) |
|---|---|---|---|---|---|---|---|---|---|---|---|---|
| 1980—1983 | 黄玉米 | 4-02-935 | n/a | 0.33 | | 0.15 | 0.12 | 4.1 | 35 | 3.4 | 10.4 | 0.04 |
| 1984—1994 | 黄玉米 | 4-02-935 | 0.03 | 0.33 | | 0.15 | 0.12 | 4.1 | 35 | 3.4 | 10.4 | 0.04 |
| 1995 | 黄玉米 | 4-02-935 | 0.03 | 0.33 | | 0.15 | 0.12 | 6 | 40 | 3 | 15 | 0.04 |
| 1996 | 黄玉米 | 4-02-935 | 0.03 | 0.33 | 0.04 | 0.15 | 0.12 | 6 | 40 | 3 | 15 | 0.04 |
| 1997—1998 | 黄玉米 | 4-02-935 | 0.02 | 0.30 | 0.04 | 0.08 | 0.08 | 6 | 23 | 3 | 15 | 0.08 |
| 1999—2004 | 黄玉米 | | 0.02 | 0.30 | 0.04 | 0.08 | 0.08 | 6 | 23 | 3 | 15 | 0.08 |
| 2005 | 黄玉米 | | 0.02 | 0.30 | 0.04 | 0.08 | 0.08 | 6 | 23 | 3 | 15 | 0.08 |
| 2006—2010 | 黄玉米 | | 0.02 | 0.30 | 0.04 | 0.08 | 0.08 | 6.0 | 23.0 | 3.0 | 15.0 | 0.08 |
| 2011—2016 | 黄玉米 | | 0.02 | 0.33 | 0.04 | 0.08 | 0.08 | 4.5 | 25.0 | 2.9 | 20.0 | 0.08 |
| 1997—1998 | 高油玉米 | n/a | 0.01 | 0.31 | 0.05 | 0.09 | 0.08 | 6 | 28 | 4 | 19 | 0.9 |
| 1999—2005 | 高油玉米 | | 0.01 | 0.31 | 0.05 | 0.09 | 0.08 | 6 | 28 | 4 | 19 | 0.9 |
| 2006—2016 | 高油玉米 | | 0.01 | 0.31 | 0.05 | 0.09 | 0.08 | 6.0 | 28.0 | 4.0 | 19.0 | 0.90 |

## 2.5.3 National Research Council(美国国家科学研究委员会). Nutrition Requirement(营养需要)

### 2.5.3.1 Nutrient Requirements of Poultry(家禽营养需要). 1994[18]

表 2-5-9 常规成分和营养价值

| 国际饲料编号 | 饲料名称 | 干物质 DM | 氮校正代谢能 MEn | 氮校正真代谢能 TMEn | 粗蛋白质 CP | 粗脂肪 EE | 亚油酸 Linoleic acid | 粗纤维 CF | 钙 Ca | 总磷 Total P | 非植酸磷 Non-phytate P |
|---|---|---|---|---|---|---|---|---|---|---|---|
| | | % | kcal/kg | kcal/kg | % | % | % | % | % | % | % |
| 4-02-935 | 黄玉米粒 Corn, Dent Yellow *Zea mays indentata* grain | 89 | 3350 | 3470 | 8.5 | 3.8 | 2.20 | 2.2 | 0.02 | 0.28 | 0.08 |

注：此资料后面表格中的饲料编号及名称与此表相同，故之后仅保留饲料中文名称。

摘自：Nutrient Requirements of Poultry(1994)P62。

**表 2-5-10 矿物质含量**

| 饲料名称 | 干物质 DM | 钾 K | 氯 Cl | 铁 Fe | 镁 Mg | 锰 Mn | 钠 Na | 硫 S | 铜 Cu | 硒 Se | 锌 Zn |
|---|---|---|---|---|---|---|---|---|---|---|---|
| | % | % | % | mg/kg | % | mg/kg | % | % | mg/kg | mg/kg | mg/kg |
| 黄玉米粒 | 89 | 0.30 | 0.04 | 45 | 0.12 | 7 | 0.02 | 0.08 | 3 | 0.03 | 18 |

摘自:Nutrient Requirements of Poultry(1994)P62-63。

**表 2-5-11 维生素含量**

| 饲料名称 | 干物质 DM | 生物素 Biotin | 胆碱 Choline | 叶酸 Folacin | 烟酸 Niacin | 泛酸 Pantothenic acid | 维生素 $B_6$ Pyridoxine | 维生素 $B_2$ Riboflavin | 维生素 $B_1$ Thiamin | 维生素 $B_{12}$ | 维生素 E |
|---|---|---|---|---|---|---|---|---|---|---|---|
| | % | mg/kg | mg/kg | mg/kg | mg/kg | mg/kg | mg/kg | mg/kg | mg/kg | μg/kg | mg/kg |
| 黄玉米粒 | 89 | 0.06 | 620 | 0.4 | 24 | 4.0 | 7.0 | 1.0 | 3.5 | — | 22 |

摘自:Nutrient Requirements of Poultry(1994)P63。

**表 2-5-12 氨基酸含量(%)**

| 饲料名称 | 干物质 DM | 粗蛋白质 CP | 精氨酸 Arg | 甘氨酸 Gly | 丝氨酸 Ser | 组氨酸 His | 异亮氨酸 Ile | 亮氨酸 Leu | 赖氨酸 Lys | 蛋氨酸 Met | 胱氨酸 Cys | 苯丙氨酸 Phe | 酪氨酸 Tyr | 苏氨酸 Thr | 色氨酸 Trp | 缬氨酸 Val |
|---|---|---|---|---|---|---|---|---|---|---|---|---|---|---|---|---|
| 黄玉米粒 | 88.0 | 8.5 | 0.38 | 0.33 | 0.37 | 0.23 | 0.29 | 1.00 | 0.26 | 0.18 | 0.18 | 0.38 | 0.30 | 0.29 | 0.06 | 0.40 |

摘自:Nutrient Requirements of Poultry(1994)P66。

**表 2-5-13 真氨基酸消化率(%)**

| 名称及粗蛋白质含量 | 样本数 | 赖氨酸 Lys | | 蛋氨酸 Met | | 胱氨酸 Cys | | 精氨酸 Arg | | 苏氨酸 Thr | | 缬氨酸 Val | | 异亮氨酸 Ile | | 亮氨酸 Leu | | 组氨酸 His | | 苯丙氨酸 Phe | |
|---|---|---|---|---|---|---|---|---|---|---|---|---|---|---|---|---|---|---|---|---|---|
| 黄玉米粒 Corn, grain (8.8%) | *n* | *X* | SD | *X* | SD | *X* | SD | *X* | SD | *X* | SD | *X* | SD | *X* | SD | *X* | SD | *X* | SD | *X* | SD |
| | 24 | 81 | 6 | 91 | 5 | 85 | 9 | 89 | 7 | 84 | 9 | 88 | 6 | 88 | 7 | 93 | 5 | 94 | 7 | 91 | 7 |

注:*X* 为平均值;SD 为标准差。

摘自:Nutrient Requirements of Poultry(1994)P74。

**表 2-5-14 脂肪酸组成(%)**

| 饲料名称 | 干物质 DM | 粗脂肪 EE | 脂肪酸(占饲料中百分比) | | | | | | | |
|---|---|---|---|---|---|---|---|---|---|---|
| | | | C12:0 | C14:0 | C16:0 | C16:1 | C18:0 | C18:1 | C18:2 | C18:3 |
| 黄玉米粒 | 89 | 3.8 | — | — | 0.62 | — | 0.10 | 1.17 | 1.82 | 0.09 |

摘自:Nutrient Requirements of Poultry(1994)P75。

### 2.5.3.2 Nutrient Requirements of Swine(猪营养需要).1998[19]

表 2-5-15 营养成分及营养价值

| 国际饲料编号 | 饲料名称 | 干物质 DM | 消化能 DE | 代谢能 ME | 净能 NE | 粗蛋白质 CP | 粗脂肪 EE | 亚油酸 Linoleic acid | 中性洗涤纤维 NDF | 酸性洗涤纤维 ADF | 钙 Ca | 磷 P | 有效磷* Bioavailability of P |
|---|---|---|---|---|---|---|---|---|---|---|---|---|---|
| | | % | kcal/kg | kcal/kg | kcal/kg | % | % | % | % | % | % | % | % |
| 4-02-935 | 黄玉米粒 Corn,yellow grain | 89 | 3525 | 3420 | 2395 | 8.3 | 3.9 | 1.92 | 9.6 | 2.8 | 0.03 | 0.28 | 14 |

注：* 估计生物有效值，相对于磷酸二氢钠或磷酸二氢钙。此资料后面表格中的饲料编号及名称与此表相同，故之后仅保留饲料中文名称。

摘自：Nutrient Requirements of Swine(1998)P126。

表 2-5-16 矿物元素含量

| 饲料名称 | 干物质 DM | 钙 Ca | 磷 P | 钠 Na | 氯 Cl | 钾 K | 镁 Mg | 硫 S | 铜 Cu | 铁 Fe | 锰 Mn | 硒* Se | 锌 Zn |
|---|---|---|---|---|---|---|---|---|---|---|---|---|---|
| | % | % | % | % | % | % | % | % | mg/kg | mg/kg | mg/kg | mg/kg | mg/kg |
| 黄玉米粒 | 89 | 0.03 | 0.28 | 0.02 | 0.05 | 0.33 | 0.12 | 0.13 | 3 | 29 | 7 | 0.07 | 18 |

注：* 硒含量与土壤条件相关极强，故有些值差异很大。

摘自：Nutrient Requirements of Swine(1998)P128。

表 2-5-17 维生素含量

| 饲料名称 | 干物质 DM | 生物素 Biotin | 胆碱 Choline | 叶酸 Folacin | 烟酸* Niacin | 泛酸 Pantothenic acid | 维生素 $B_2$ Riboflavin | 维生素 $B_1$ Thiamin | 维生素 $B_6$ Vitamin $B_6$ | 维生素 $B_{12}$ Vitamin $B_{12}$ | 维生素 E** Vitamin E | β-胡萝卜素*** Beta-Carotene |
|---|---|---|---|---|---|---|---|---|---|---|---|---|
| | % | mg/kg | mg/kg | mg/kg | mg/kg | mg/kg | mg/kg | mg/kg | mg/kg | μg/kg | mg/kg | mg/kg |
| 黄玉米粒 | 89 | 0.06 | 620 | 0.15 | 24 | 6.0 | 1.2 | 3.5 | 5.0 | 0 | 8.3 | 0.8 |

注：* 玉米中的烟酸完全不可用，其副产品中的烟酸含量也非常低；** 为 α-生育酚(α-tocopherol)；*** 1 mg 的全反式 β-胡萝卜素(all-trans beta-carotene)=267 IU 的维生素 A 或 80 μg 视黄醇(retinol)或 92 μg 视黄醇乙酸酯(retinyl acetate)。

摘自：Nutrient Requirements of Swine(1998)P130。

表 2-5-18 氨基酸含量(%)

| 饲料名称 | 干物质 DM | 粗蛋白质 CP | 精氨酸 Arg | 组氨酸 His | 异亮氨酸 Ile | 亮氨酸 Leu | 赖氨酸 Lys | 蛋氨酸 Met | 胱氨酸 Cys | 苯丙氨酸 Phe | 酪氨酸 Tyr | 苏氨酸 Thr | 色氨酸 Trp | 缬氨酸 Val |
|---|---|---|---|---|---|---|---|---|---|---|---|---|---|---|
| 黄玉米粒 | 89 | 8.3 | 0.37 | 0.23 | 0.28 | 0.99 | 0.26 | 0.17 | 0.19 | 0.39 | 0.25 | 0.29 | 0.06 | 0.39 |

摘自:Nutrient Requirements of Swine(1998)P132。

表 2-5-19 回肠末端表观氨基酸消化率(%)

| 饲料名称 | 干物质 DM | 粗蛋白质 CP | 精氨酸 Arg | 组氨酸 His | 异亮氨酸 Ile | 亮氨酸 Leu | 赖氨酸 Lys | 蛋氨酸 Met | 胱氨酸 Cys | 苯丙氨酸 Phe | 酪氨酸 Tyr | 苏氨酸 Thr | 色氨酸 Trp | 缬氨酸 Val |
|---|---|---|---|---|---|---|---|---|---|---|---|---|---|---|
| 黄玉米粒 | 89 | 8.3 | 83 | 82 | 79 | 88 | 66 | 86 | 78 | 83 | 83 | 69 | 64 | 79 |

注:数据源自 Southern (1991),Rhone-Poulenc (1993),Jondreville et al. (1995)和 Heartland Lysine (1995)。

摘自:Nutrient Requirements of Swine(1998)P134。

表 2-5-20 回肠末端真氨基酸消化率(%)

| 饲料名称 | 干物质 DM | 粗蛋白质 CP | 精氨酸 Arg | 组氨酸 His | 异亮氨酸 Ile | 亮氨酸 Leu | 赖氨酸 Lys | 蛋氨酸 Met | 胱氨酸 Cys | 苯丙氨酸 Phe | 酪氨酸 Tyr | 苏氨酸 Thr | 色氨酸 Trp | 缬氨酸 Val |
|---|---|---|---|---|---|---|---|---|---|---|---|---|---|---|
| 黄玉米粒 | 89 | 8.3 | 89 | 87 | 87 | 92 | 78 | 90 | 86 | 90 | 89 | 82 | 84 | 87 |

注:回肠末端真氨基酸消化率原文为 True Ileal Digestibility of Amino Acids;数据源自 Southern (1991),Rhone-Poulenc (1993)和 Jondreville et al. (1995)。

摘自:Nutrient Requirements of Swine(1998)P136。

表 2-5-21 用原料粗蛋白质含量预测其氨基酸的系数*

| 饲料名称 | 干物质 DM (%) | 粗蛋白质 CP (%) | 回归因子 Regression Factors | 赖氨酸 Lys | 色氨酸 Trp | 苏氨酸 Thr | 蛋氨酸 Met | 蛋氨酸+胱氨酸 Met+Cys |
|---|---|---|---|---|---|---|---|---|
| 玉米 Corn | 88 | 8.5 | $a$ | 0.0790 | 0.0210 | 0.0300 | 0.0330 | 0.1290 |
| | | | $b$ | 0.0186 | 0.0047 | 0.0326 | 0.0170 | 0.0283 |
| | | | $r$ | 0.62 | 0.65 | 0.93 | 0.70 | 0.72 |

注:* 采用公式 $y=a+bx$ 估测氨基酸含量,$y$ 为样品中氨基酸含量的百分比,$x$ 为样品中粗蛋白质含量的百分比,$a$ 为截距,$b$ 为回归系数。$r$ 为两个变量之间的相关系数。需要指出的是此表中的粗蛋白质含量和干物质含量与之前表格中数值不同,原因是它们来自于不同的数据。源自:Fickler et al. (1995)。

摘自:Nutrient Requirements of Swine(1998)P138。

### 2.5.3.3 Nutrient Requirements of Swine(猪营养需要).2012[20]

表 2-5-22 概略养分及有效能值

| 国际饲料编号 | 饲料名称 | 干物质 DM | 粗蛋白质 CP | 粗纤维 CF | 粗脂肪 EE | 酸乙醚浸出物 AEE | 粗灰分 Ash | 总能 GE | 消化能 DE | 代谢能 ME | 净能 NE |
|---|---|---|---|---|---|---|---|---|---|---|---|
| | | % | % | % | % | % | % | kcal/kg | kcal/kg | kcal/kg | kcal/kg |
| 4-02-861 | 黄玉米粒 Corn,yellow dent | 88.31 | 8.24 | 1.98 | 3.48 | 3.68 | 1.30 | 3933 | 3451 | 3395 | 2672 |
| | | $n$=133,SD=2.41 | $n$=163,SD=0.93 | $n$=78,SD=0.61 | $n$=115,SD=0.78 | $n$=7,SD=1.26 | $n$=76,SD=0.32 | $n$=48,SD=86 | $n$=11,SD=111 | | |
| 4-02-861 | 高营养浓度玉米 Corn,nutridense | 87.93 | 9.02 | 2.22 | 4.85 | 5.01 | 1.44 | 3987 | 3455 | 3394 | 2718 |
| | | $n$=8,SD=2.55 | $n$=12,SD=1.12 | $n$=2,SD=0.06 | $n$=6,SD=1.08 | $n$=3,SD=0.48 | $n$=8,SD=0.26 | $n$=6,SD=140 | $n$=1 | | |

注:$n$ 为样本数,SD 为标准差,下同。此资料后面表格中的饲料编号及名称与此表相同,故之后仅保留饲料中文名称。

摘自:Nutrient Requirements of Swine(2012)P261-262,下同。

表 2-5-23 矿物元素含量

| 饲料名称 | 钙 Ca | 氯 Cl | 钾 K | 镁 Mg | 钠 Na | 磷 P | 硫 S | 铜 Cu | 铁 Fe | 锰 Mn | 硒 Se | 锌 Zn | 植酸磷 Phytate P | 磷全消化道表观消化率 ATTD of P | 磷全消化道标准消化率 STTD of P |
|---|---|---|---|---|---|---|---|---|---|---|---|---|---|---|---|
| | % | % | % | % | % | % | % | mg/kg | mg/kg | mg/kg | mg/kg | mg/kg | % | % | % |
| 黄玉米粒 | 0.02 | 0.05 | 0.32 | 0.12 | 0.02 | 0.26 | | 3.41 | 18.38 | 4.31 | 0.07 | 16.51 | 0.21 | 26 | 34 |
| | $n$=61,SD=0.01 | | $n$=6,SD=0.01 | $n$=9,SD=0.07 | $n$=2,SD=0.00 | $n$=76,SD=0.05 | | $n$=5,SD=2.02 | $n$=3,SD=10.86 | $n$=5,SD=2.50 | | $n$=5,SD=4.96 | $n$=10,SD=0.04 | $n$=17,SD=7.11 | $n$=17,SD=7.22 |
| 高营养浓度玉米 | 0.04 | | 0.30 | 0.11 | | 0.27 | | | | | | | 0.16 | 26 | 34 |
| | $n$=3,SD=0.02 | | $n$=2,SD=0.03 | $n$=2,SD=0.01 | | $n$=7,SD=0.02 | | | | | | | $n$=2,SD=0.11 | | |

表 2-5-24 维生素含量

| 饲料名称 | β-胡萝卜素 β-Carotene | 维生素 E | 维生素 $B_6$ | 维生素 $B_{12}$ | 生物素 Biotin | 叶酸 Folacin | 烟酸 Niacin | 泛酸 Pantothenic acid | 维生素 $B_2$ Riboflavin | 维生素 $B_1$ Thiamin | 胆碱 Choline |
|---|---|---|---|---|---|---|---|---|---|---|---|
| | mg/kg | mg/kg | mg/kg | μg/kg | mg/kg | mg/kg | mg/kg | mg/kg | mg/kg | mg/kg | mg/kg |
| 黄玉米粒 | 0.8 | 11.65 | 5.0 | 0 | 0.06 | 0.15 | 24 | 6.0 | 1.2 | 3.5 | 620 |
| | | | $n=1$ | | | | | | | | |

表 2-5-25 氨基酸含量(%)

| 饲料名称 | 粗蛋白质 CP | 精氨酸 Arg | 组氨酸 His | 异亮氨酸 Ile | 亮氨酸 Leu | 赖氨酸 Lys | 蛋氨酸 Met | 苯丙氨酸 Phe | 苏氨酸 Thr | 色氨酸 Trp | 缬氨酸 Val | 丙氨酸 Ala | 天冬氨酸 Asp | 半胱氨酸 Cys | 谷氨酸 Glu | 甘氨酸 Gly | 脯氨酸 Pro | 丝氨酸 Ser | 酪氨酸 Tyr |
|---|---|---|---|---|---|---|---|---|---|---|---|---|---|---|---|---|---|---|---|
| 黄玉米粒 | 8.24 | 0.37 | 0.24 | 0.28 | 0.96 | 0.25 | 0.18 | 0.39 | 0.28 | 0.06 | 0.38 | 0.60 | 0.54 | 0.19 | 1.48 | 0.31 | 0.71 | 0.38 | 0.26 |
| | $n=163$, SD=0.93 | $n=127$, SD=0.05 | $n=121$, SD=0.05 | $n=128$, SD=0.06 | $n=121$, SD=0.15 | $n=132$, SD=0.04 | $n=130$, SD=0.03 | $n=120$, SD=0.05 | $n=129$, SD=0.04 | $n=111$, SD=0.01 | $n=128$, SD=0.05 | $n=87$, SD=0.08 | $n=87$, SD=0.09 | $n=112$, SD=0.02 | $n=79$, SD=0.26 | $n=85$, SD=0.04 | $n=83$, SD=0.12 | $n=81$, SD=0.06 | $n=101$, SD=0.07 |
| 高营养浓度玉米 | 9.02 | 0.44 | 0.26 | 0.32 | 1.09 | 0.27 | 0.20 | 0.43 | 0.31 | 0.07 | 0.44 | 0.66 | 0.60 | 0.22 | 1.66 | 0.32 | 0.77 | 0.42 | 0.28 |
| | $n=12$, SD=1.12 | $n=9$, SD=0.05 | $n=9$, SD=0.03 | $n=10$, SD=0.04 | $n=10$, SD=0.15 | $n=10$, SD=0.05 | $n=10$, SD=0.01 | $n=7$, SD=0.05 | $n=10$, SD=0.03 | $n=4$, SD=0.01 | $n=10$, SD=0.05 | $n=7$, SD=0.08 | $n=7$, SD=0.08 | $n=8$, SD=0.02 | $n=7$, SD=0.21 | $n=5$, SD=0.01 | $n=7$, SD=0.09 | $n=7$, SD=0.05 | $n=7$, SD=0.04 |

表 2-5-26 回肠末端表观氨基酸消化率(%)

| 饲料名称 | 粗蛋白质 CP | 精氨酸 Arg | 组氨酸 His | 异亮氨酸 Ile | 亮氨酸 Leu | 赖氨酸 Lys | 蛋氨酸 Met | 苯丙氨酸 Phe | 苏氨酸 Thr | 色氨酸 Trp | 缬氨酸 Val | 丙氨酸 Ala | 天冬氨酸 Asp | 半胱氨酸 Cys | 谷氨酸 Glu | 甘氨酸 Gly | 脯氨酸 Pro | 丝氨酸 Ser | 酪氨酸 Tyr |
|---|---|---|---|---|---|---|---|---|---|---|---|---|---|---|---|---|---|---|---|
| 黄玉米粒 | 65 | 75 | 77 | 73 | 82 | 60 | 77 | 78 | 61 | 62 | 71 | 77 | 71 | 75 | 80 | 50 | 50 | 74 | 74 |
| | $n$=19，SD=10.34 | $n$=27，SD=7.98 | $n$=27，SD=5.75 | $n$=27，SD=6.70 | $n$=27，SD=7.47 | $n$=27，SD=11.63 | $n$=25，SD=11.15 | $n$=27，SD=6.89 | $n$=27，SD=10.29 | $n$=13，SD=10.01 | $n$=27，SD=8.23 | $n$=22，SD=5.78 | $n$=22，SD=9.21 | $n$=19，SD=6.37 | $n$=22，SD=11.31 | $n$=22，SD=24.33 | $n$=18，SD=24.62 | $n$=22，SD=7.18 | $n$=22，SD=7.17 |
| 高营养浓度玉米 | 74 | 75 | 77 | 76 | 83 | 65 | 79 | 80 | 62 | 65 | 72 | 76 | 75 | 78 | 68 | 51 | 45 | 74 | 70 |
| | $n$=1 | $n$=3，SD=4.61 | $n$=3，SD=4.80 | $n$=3，SD=2.43 | $n$=3，SD=2.50 | $n$=3，SD=6.20 | $n$=3，SD=5.57 | $n$=3，SD=3.26 | $n$=3，SD=9.61 | $n$=1 | $n$=3，SD=5.75 | $n$=3，SD=6.38 | $n$=3，SD=2.00 | $n$=1 | $n$=3，SD=18.83 | $n$=3，SD=29.65 | $n$=3，SD=3.82 | $n$=3，SD=3.91 | $n$=3，SD=7.98 |

表 2-5-27 回肠末端标准氨基酸消化率(%)

| 饲料名称 | 粗蛋白质 CP | 精氨酸 Arg | 组氨酸 His | 异亮氨酸 Ile | 亮氨酸 Leu | 赖氨酸 Lys | 蛋氨酸 Met | 苯丙氨酸 Phe | 苏氨酸 Thr | 色氨酸 Trp | 缬氨酸 Val | 丙氨酸 Ala | 天冬氨酸 Asp | 半胱氨酸 Cys | 谷氨酸 Glu | 甘氨酸 Gly | 脯氨酸 Pro | 丝氨酸 Ser | 酪氨酸 Tyr |
|---|---|---|---|---|---|---|---|---|---|---|---|---|---|---|---|---|---|---|---|
| 黄玉米粒 | 80 | 87 | 83 | 82 | 87 | 74 | 83 | 85 | 77 | 80 | 82 | 81 | 79 | 80 | 84 | 84 | 93 | 82 | 79 |
| | $n$=19，SD=9.18 | $n$=27，SD=7.62 | $n$=27，SD=5.42 | $n$=27，SD=6.26 | $n$=27，SD=7.37 | $n$=27，SD=10.62 | $n$=25，SD=10.12 | $n$=27，SD=6.58 | $n$=27，SD=10.70 | $n$=13，SD=9.54 | $n$=27，SD=7.38 | $n$=21，SD=16.94 | $n$=21，SD=16.81 | $n$=20，SD=17.60 | $n$=21，SD=18.99 | $n$=21，SD=22.06 | $n$=17，SD=18.98 | $n$=21，SD=17.20 | $n$=20，SD=17.83 |
| 高营养浓度玉米 | 83 | 83 | 82 | 85 | 87 | 79 | 83 | 86 | 78 | 76 | 81 | 85 | 82 | 82 | 75 | 88 | 85 | 85 | 80 |
| | $n$=1 | $n$=3，SD=4.56 | $n$=3，SD=3.93 | $n$=3，SD=3.04 | $n$=3，SD=2.52 | $n$=3，SD=5.06 | $n$=3，SD=4.10 | $n$=3，SD=4.12 | $n$=3，SD=8.03 | $n$=1 | $n$=3，SD=5.04 | $n$=1 | $n$=1 | $n$=1 | $n$=1 | $n$=1 | $n$=1 | $n$=1 | $n$=1 |

表 2-5-28 碳水化合物含量(%)

| 饲料名称 | 乳糖 Lactose | 蔗糖 Sucrose | 棉籽糖 Raffinose | 水苏糖 Stachyose | 毛蕊花糖 Verbascose | 寡糖 Oligosaccharides | 淀粉 Starch | 中性洗涤纤维 NDF | 酸性洗涤纤维 ADF | 半纤维素 Hemicellulose | 酸性洗涤木质素 Acid detergent lignin | 总膳食纤维 Total dietary fiber | 不溶性膳食纤维 Insoluble dietary fiber | 可溶性膳食纤维 Soluble dietary fiber |
| --- | --- | --- | --- | --- | --- | --- | --- | --- | --- | --- | --- | --- | --- | --- |
| 黄玉米粒 | 0.00 | 0.09 | 0.01 | 0.01 | 0.01 |  | 62.55 | 9.11 | 2.88 |  | 0.32 | 13.73 |  |  |
|  | $n$=8, SD=0.00 | $n$=9, SD=0.28 | $n$=9, SD=0.04 | $n$=9, SD=0.02 | $n$=9, SD=0.02 |  | $n$=37, SD=4.61 | $n$=54, SD=1.97 | $n$=45, SD=0.83 |  | $n$=2, SD=0.12 | $n$=2, SD=4.65 |  |  |
| 高营养浓度玉米 |  |  |  |  |  |  | 67.44 | 6.98 | 2.33 |  |  | 9.6 |  |  |
|  |  |  |  |  |  |  | $n$=4, SD=3.07 | $n$=2, SD=0.96 | $n$=1 |  |  | $n$=2, SD=0.33 |  |  |

表 2-5-29 脂肪酸含量(占粗脂肪百分比,%)

| 饲料名称 | 粗脂肪 EE | C12:0 | C14:0 | C16:0 | C16:1 | C18:0 | C18:1 | C18:2 | C18:3 | C18:4 | C20:0 | C20:1 | C20:4 | C20:5 | C22:0 | C22:1 | C22:5 | C22:6 | C24:0 | 饱和脂肪酸 SFA | 单不饱和脂肪酸 MUFA | 多不饱和脂肪酸 PUFA | 碘价 IV | 碘价物 IVP |
| --- | --- | --- | --- | --- | --- | --- | --- | --- | --- | --- | --- | --- | --- | --- | --- | --- | --- | --- | --- | --- | --- | --- | --- | --- |
| 黄玉米粒 | 4.74 | 0.00 | 0.00 | 12.00 | 0.08 | 1.58 | 26.31 | 44.24 | 1.37 |  | 0.00 | 0.00 |  |  |  |  |  |  |  | 13.59 | 26.39 | 45.61 | 107.54 | 50.98 |

### 2.5.3.4 Nutrient Requirements of Beef Cattle(肉牛营养需要).2000[21]

**表 2-5-30 肉牛用营养成分及营养价值**

| 国际饲料编号及中英文名称 | 数值说明 | 于维持水平摄入时测定 Value as Determined at Maintenance Intake | | | 生长牛净能值 Net Energy Values for Growing-Cattle | |
|---|---|---|---|---|---|---|
| | | 可消化总养分 TDN | 消化能 DE | 代谢能 ME | 维持净能 NEm | 增重净能 NEg |
| | | % | Mcal/kg | | Mcal/kg | |
| 4-20-698 粉碎玉米 Corn,Dent Yellow (*Zea mays indentata*) Grain,cracked | 平均数 | 90 | 3.92 | 3.25 | 2.24 | 1.55 |
| | 样本数 | — | — | — | — | — |
| | 标准差 | — | — | — | — | — |

| 国际饲料编号及中英文名称 | 数值说明 | 干物质 DM | 粗蛋白质 CP | 过瘤胃率 RD | 粗脂肪 EE | 纤维 Fiber | 中性洗涤纤维 NDF | 酸性洗涤纤维 ADF | 粗灰分 Ash | 钙 Ca | 磷 P | 镁 Mg | 钾 K | 钠 Na | 硫 S | 铜 Cu | 碘 I | 铁 Fe | 锰 Mn | 硒 Se | 锌 Zn | 钴 Co | 钼 Mo |
|---|---|---|---|---|---|---|---|---|---|---|---|---|---|---|---|---|---|---|---|---|---|---|---|
| | | % | | | | | | | | | | | | | | mg/kg | | | | | | | |
| 4-20-698 粉碎玉米 Corn,Dent Yellow (*Zea mays indentata*) Grain,cracked | 平均数 | 90.0 | 9.8 | 55 | 4.06 | 2.29 | 10.8 | 3.3 | 1.46 | 0.03 | 0.32 | 0.12 | 0.44 | 0.01 | 0.11 | 2.51 | — | 54.5 | 7.89 | 0.14 | 24.2 | — | 0.60 |
| | 样本数 | 3708 | 3579 | 14 | 134 | 127 | 2488 | 3481 | 87 | 3516 | 3515 | 3437 | 3437 | 1749 | 382 | 1743 | — | 1738 | 1741 | 17 | 1743 | — | 1691 |
| | 标准差 | 0.88 | 1.06 | 19 | 0.64 | 0.90 | 3.57 | 1.83 | 0.33 | 0.07 | 0.04 | 0.03 | 0.06 | 0.05 | 0.02 | 1.98 | — | 43.2 | 7.1 | 0.12 | 11.1 | — | 0.31 |

注:RD 为 Ruminal Undegradability,过瘤胃率。

摘自:Nutrient Requirements of Beef Cattle(2000)P136-137。

表 2-5-31 肉牛用原料能值、营养成分,蛋白质、碳水化合物组成及其消化率

| 国际饲料编号 | 饲料名称 | 精料所占日粮比例 Conc. %DM | 粗料所占日粮比例 Forage %DM | 干物质 DM %AF | 中性洗涤纤维 NDF %DM | 木质素占 NDF 比例 Lignin %NDF | 有效中性洗涤纤维占 NDF 比例 eNDF %NDF | 可消化总养分 TDN %DM | 代谢能 ME (Mcal/kg) | 维持净能 NEm (Mcal/kg) | 增重净能 NEg (Mcal/kg) | 粗蛋白质 CP %DM | 降解食入蛋白质占粗蛋白质比例 DIP %CP | 可溶性粗蛋白质占粗蛋白质比例 solCP %CP | 非蛋白氮占可溶性粗蛋白质比例 NPN %SolCP |
|---|---|---|---|---|---|---|---|---|---|---|---|---|---|---|---|
| 4-20-698 | 粉碎玉米 Corn grain, cracked | 100 | 0 | 88.0 | 10.80 | 2.22 | 30 | 90.0 | 3.25 | 2.24 | 1.55 | 9.80 | 44.7 | 11.0 | 73.00 |
|  | 玉米粒,Corn dry,grain 45 lb/bu | 100 | 0 | 88.0 | 10.00 | 2.22 | 60 | 88.0 | 3.18 | 2.18 | 1.50 | 9.80 | 41.2 | 12.0 | 73.00 |
| 04-02-931 | 玉米粒,磨碎 Corn ground,grain 56 lb/bu | 100 | 0 | 88.0 | 9.00 | 2.22 | 0 | 88.0 | 3.18 | 2.18 | 1.50 | 9.80 | 57.4 | 11.0 | 73.00 |
| 04-02-931 | 玉米粒,Corn dry grain 56 lb/bu | 100 | 0 | 88.0 | 9.00 | 2.22 | 60 | 88.0 | 3.18 | 2.18 | 1.50 | 9.80 | 44.7 | 11.0 | 73.00 |
| 4-20-224 | 玉米粒,压片 Corn grain,flaked | 100 | 0 | 86.0 | 9.00 | 2.22 | 48 | 93.0 | 3.36 | 2.33 | 1.62 | 9.80 | 43.0 | 8.0 | 73.00 |
|  | 玉米粒,高水分,Corn HM,grain 45 lb/bu | 100 | 0 | 72.0 | 10.50 | 2.22 | 0 | 90.0 | 3.25 | 2.24 | 1.55 | 9.80 | 67.8 | 40.0 | 100.00 |
| 04-20-771 | 玉米粒,高水分,Corn HM,grain 56 lb/bu | 100 | 0 | 72.0 | 9.00 | 2.22 | 0 | 93.0 | 3.36 | 2.33 | 1.62 | 9.80 | 67.8 | 40.0 | 100.00 |

注:lb/bu 为磅蒲式耳,下同。

续表 2-5-31

| 国际饲料编号 | 饲料名称 | 中性洗涤剂不溶蛋白质 NDIP %CP | 酸性洗涤剂不溶蛋白质 ADIP %CP | 淀粉占非结构性碳水化合物比例 Starch %NSC | 脂肪 Fat %DM | 粗灰分 Ash %DM | 碳水化合物消化率 Carbohydrate kd | | | 蛋白质消化率 Protein kd | | |
|---|---|---|---|---|---|---|---|---|---|---|---|---|
| | | | | | | | 糖 A | 淀粉 B1 | 可利用纤维 B2 | 快速降解蛋白质 B1 | 中速降解蛋白质 B2 | 慢速降解蛋白质 B3 |
| | | | | | | | %/h | | | %/h | | |
| 4-20-698 | 粉碎玉米 Corn grain,cracked | 15.00 | 5.00 | 90 | 4.06 | 1.46 | 200 | 15 | 5.0 | 135 | 6 | 0.09 |
| | 玉米粒,Corn dry,grain 45 lb/bu | 15.00 | 5.00 | 90 | 4.30 | 1.60 | 150 | 10 | 4.0 | 135 | 5 | 0.10 |
| 04-02-931 | 玉米粒,磨碎,Corn ground,grain 56 lb/bu | 15.00 | 5.00 | 90 | 4.30 | 1.60 | 250 | 25 | 6.0 | 135 | 10 | 0.10 |
| 04-02-931 | 玉米粒,Corn dry grain 56 lb/bu | 15.00 | 5.00 | 90 | 4.30 | 1.60 | 150 | 10 | 4.0 | 135 | 4 | 0.10 |
| 4-20-224 | 玉米粒,压片 Corn grain,flaked | 15.00 | 5.00 | 90 | 4.30 | 1.60 | 300 | 25 | 6.0 | 135 | 5 | 0.08 |
| | 玉米粒,高水分,Corn HM,grain 45 lb/bu | 15.90 | 5.30 | 95 | 4.30 | 1.60 | 50 | 30 | 6.0 | 135 | 10 | 0.15 |
| 04-20-771 | 玉米粒,高水分,Corn HM,grain 56 lb/bu | 15.90 | 5.30 | 95 | 4.30 | 1.60 | 50 | 30 | 6.0 | 135 | 10 | 0.15 |

注:eNDF=effective neutral detergent fiber,有效中性洗涤纤维;DIP=degraded intake protein,降解食入蛋白质;solCP=soluble CP,可溶蛋白质;NDIP=neutral detergent insoluble protein,中性洗涤剂不溶蛋白质;ADIP=acid detergent insoluble protein,酸性洗涤剂不溶蛋白质;NSC=nonstructural carbohydrate,非结构性碳水化合物;kd,降解率;h,小时。

摘自:Nutrient Requirements of Beef Cattle(2000)P196-197。

**表 2-5-32 肉牛用原料氨基酸、矿物质和维生素含量**

| 国际饲料编号 | 饲料名称 | 氨基酸 Amino Acids | | | | | | | | | |
|---|---|---|---|---|---|---|---|---|---|---|---|
| | | 蛋氨酸 Met | 赖氨酸 Lys | 精氨酸 Arg | 苏氨酸 Thr | 亮氨酸 Leu | 异亮氨酸 Ile | 缬氨酸 Val | 组氨酸 His | 苯丙氨酸 Phe | 色氨酸 Trp |
| | | %UIP | | | | | | | | | |
| 4-20-698 | 粉碎玉米 Corn grain, cracked | 1.12 | 1.65 | 1.82 | 2.80 | 10.73 | 2.69 | 3.75 | 2.06 | 3.65 | 0.37 |
| | 玉米粒,Corn dry,grain 45 lb/bu | 1.12 | 1.65 | 1.82 | 2.80 | 10.73 | 2.69 | 3.75 | 2.06 | 3.65 | 0.37 |
| 04-02-931 | 玉米粒,磨碎,Corn ground, grain 56 lb/bu | 1.12 | 1.65 | 1.82 | 2.80 | 10.73 | 2.69 | 3.75 | 2.06 | 3.65 | 0.37 |
| 04-02-931 | 玉米粒,Corn dry grain 56 lb/bu | 1.12 | 1.65 | 1.82 | 2.80 | 10.73 | 2.69 | 3.75 | 2.06 | 3.65 | 0.37 |
| 4-20-224 | 玉米粒,压片 Corn grain, flaked | 1.12 | 1.65 | 1.82 | 2.80 | 10.73 | 2.69 | 3.75 | 2.06 | 3.65 | 0.37 |
| | 玉米粒,高水分,Corn HM, grain 45 lb/bu | 0.99 | 2.47 | 4.11 | 3.33 | 12.10 | 3.85 | 4.78 | 2.70 | 4.99 | 0.37 |
| 04-20-771 | 玉米粒,高水分,Corn HM, grain 56 lb/bu | 0.99 | 2.47 | 4.11 | 3.33 | 12.10 | 3.85 | 4.78 | 2.70 | 4.99 | 0.37 |

续表 2-5-32

| 国际饲料编号 | 中英文名称 | 矿物质 Minerals | | | | | | | | | | | | | | 维生素 Vitamins | | |
|---|---|---|---|---|---|---|---|---|---|---|---|---|---|---|---|---|---|---|
| | | 钙 Ca | 磷 P | 镁 Mg | 氯 Cl | 钾 K | 钠 Na | 硫 S | 钴 Co | 铜 Cu | 碘 I | 铁 Fe | 锰 Mn | 硒 Se | 锌 Zn | 维生素 A | 维生素 D | 维生素 E |
| | | %DM | | | | | | | mg/kg | | | | | | | $10^3$ IU/kg | | IU/kg |
| 4-20-698 | 粉碎玉米 Corn grain, cracked | 0.03 | 0.32 | 0.12 | 0.05 | 0.44 | 0.01 | 0.11 | 0.31 | 2.51 | 0.03 | 54.50 | 7.90 | 0.14 | 24.20 | 1.00 | 0.00 | 25.00 |
| | 玉米粒,Corn dry, grain 45 lb/bu | 0.04 | 0.30 | 0.15 | 0.06 | 0.32 | 0.01 | 0.12 | 0.43 | 2.50 | 0.00 | 30.00 | 5.80 | 0.00 | 0.00 | 0.00 | 0.00 | 0.00 |
| 04-02-931 | 玉米粒,磨碎,Corn ground, grain 56 lb/bu | 0.03 | 0.31 | 0.11 | 0.06 | 0.33 | 0.01 | 0.14 | 0.43 | 4.80 | 0.00 | 30.00 | 6.40 | 0.00 | 0.00 | 0.00 | 0.00 | 0.00 |
| 04-02-931 | 玉米粒,Corn dry grain 56 lb/bu | 0.03 | 0.31 | 0.11 | 0.06 | 0.33 | 0.01 | 0.14 | 0.43 | 4.80 | 0.00 | 30.00 | 6.40 | 0.00 | 0.00 | 0.00 | 0.00 | 0.00 |
| 4-20-224 | 玉米粒,压片 Corn grain, flaked | 0.03 | 0.31 | 0.11 | 0.06 | 0.33 | 0.01 | 0.14 | 0.43 | 4.80 | 0.00 | 30.00 | 6.40 | 0.00 | 0.00 | 0.00 | 0.00 | 0.00 |
| | 玉米粒,高水分,Corn HM, grain 45 lb/bu | 0.04 | 0.30 | 0.15 | 0.06 | 0.32 | 0.01 | 0.12 | 0.43 | 2.50 | 0.00 | 30.00 | 5.80 | 0.00 | 0.00 | 0.00 | 0.00 | 0.00 |
| 04-20-771 | 玉米粒,高水分,Corn HM, Grain 56 lb/bu | 0.03 | 0.31 | 0.11 | 0.06 | 0.33 | 0.01 | 0.14 | 0.43 | 4.80 | 0.00 | 30.00 | 6.40 | 0.00 | 0.00 | 0.00 | 0.00 | 0.00 |

注:UIP 为 undegraded intake protein,非降解摄入蛋白质。

摘自:Nutrient Requirements of Beef Cattle(2000)P198-199。

### 2.5.3.5 Nutrient Requirements of Dairy Cattle(奶牛营养需要).2001[22]

表 2-5-33 奶牛常用饲料原料的营养成分及其变异范围(干物质基础)

| 饲料名称与说明 | 国际饲料编号 IFN | 总可消化养分(1倍维持) TDN-1X (%) | 总可消化养分方程式要求类别 TDN Equation Class | 加工校正系数 PAF | 消化能(1倍维持) DE-1X (Mcal/kg) | 代谢能(3倍维持) ME-3X (Mcal/kg) | 产奶净能(3倍维持) NEL-3X (Mcal/kg) | 产奶净能(4倍维持) NEL-4X (Mcal/kg) | 维持净能(3倍维持) NEM-3X (Mcal/kg) | 增重净能(3倍维持) NEG-3X (Mcal/kg) | 干物质 DM (%) | 粗蛋白质 CP (%) | 中性洗涤剂不溶粗蛋白质 NDICP (%) | 酸性洗涤剂不溶粗蛋白质 ADICP (%) | 粗脂肪 EE (%) | 中性洗涤纤维 NDF (%) | 酸性洗涤纤维 ADF % | 木质素 Lignin (%) | 粗灰分 Ash (%) |
|---|---|---|---|---|---|---|---|---|---|---|---|---|---|---|---|---|---|---|---|
| 黄玉米(粉碎,干) Corn,yellow, grain,cracked,dry | 4-02-854 | 85.0 | 精饲料 Conc,下同 | 0.95 | 3.69 | 2.98 | 1.91 | 1.80 | 2.05 | 1.39 | 88.1 | 9.4 | 0.7 | 0.3 | 4.2 | 9.5 | 3.4 | 0.9 | 1.5 |
| 黄玉米(磨碎,干)Corn,yellow, grain,ground, dry | 4-02-854 | 88.7 | 精饲料 | 1.00 | 3.85 | 3.12 | 2.01 | 1.90 | 2.16 | 1.48 | 88.1 | 9.4 | 0.7 | 0.3 | 4.2 | 9.5 | 3.4 | 0.9 | 1.5 |
|  | *n* |  |  |  |  |  |  |  |  |  | 1448 | 4457 | 66 | 50 | 659 | 1239 | 1204 | 157 | 567 |
|  | SD |  |  |  |  |  |  |  |  |  | 3.1 | 1.3 | 0.3 | 0.2 | 1.0 | 2.3 | 1.0 | 0.4 | 0.5 |
| 黄玉米(蒸汽压片)Corn,yellow, grain,steam-flaked | 4-02-854 | 91.7 | 精饲料 | 1.04 | 3.97 | 3.24 | 2.09 | 1.98 | 2.24 | 1.55 | 88.1 | 9.4 | 0.7 | 0.3 | 4.2 | 9.5 | 3.4 | 0.9 | 1.5 |
| 黄玉米(高水分,直接压片) Corn,yellow, grain,rolled, high moisture | 4-28-265 | 88.5 | 精饲料 | 1.00 | 3.84 | 3.11 | 2.01 | 1.90 | 2.15 | 1.48 | 71.8 | 9.2 | 0.6 | 0.3 | 4.3 | 10.3 | 3.6 | 0.9 | 1.5 |
| 黄玉米(高水分,磨碎) Corn,yellow, grain,ground, high moisture | 4-28-265 | 91.5 | 精饲料 | 1.04 | 3.96 | 3.23 | 2.09 | 1.97 | 2.23 | 1.55 | 71.8 | 9.2 | 0.6 | 0.3 | 4.3 | 10.3 | 3.6 | 0.9 | 1.5 |
|  | *n* |  |  |  |  |  |  |  |  |  | 4845 | 4761 | 61 | 38 | 1357 | 4729 | 4728 | 1123 | 2544 |
|  | SD |  |  |  |  |  |  |  |  |  | 5.1 | 0.9 | 0.3 | 0.3 | 0.7 | 2.7 | 1.6 | 0.2 | 0.6 |

续表 2-5-33

| 饲料名称与说明 | 国际饲料编号 IFN | 总可消化养分(1倍维持) TDN-1X (%) | 总可消化养分方程式要求类别 TDN Equation Class | 加工校正系数 PAF | 消化能(1倍维持) DE-1X (Mcal/kg) | 代谢能(3倍维持) ME-3X (Mcal/kg) | 产奶净能(3倍维持) NEL-3X (Mcal/kg) | 产奶净能(4倍维持) NEL-4X (Mcal/kg) | 维持净能(3倍维持) NEM-3X (Mcal/kg) | 增重净能(3倍维持) NEG-3X (Mcal/kg) | 干物质 DM (%) | 粗蛋白质 CP (%) | 中性洗涤剂不溶粗蛋白质 NDICP (%) | 酸性洗涤剂不溶粗蛋白质 ADICP (%) | 粗脂肪 EE (%) | 中性洗涤纤维 NDF (%) | 酸性洗涤纤维 ADF % | 木质素 Lignin (%) | 粗灰分 Ash (%) |
|---|---|---|---|---|---|---|---|---|---|---|---|---|---|---|---|---|---|---|---|
| 连轴黄玉米(磨碎，干) Corn, yellow, grain and cob, dry, ground | 4-02-849 | 83.5 | 精饲料 | 1.00 | 3.62 | 2.91 | 1.86 | 1.76 | 2.00 | 1.35 | 89.2 | 8.6 | 0.9 | 0.4 | 3.9 | 21.5 | 8.0 | 1.6 | 1.7 |
| | *n* | | | | | | | | | | 198 | 190 | 4 | 6 | 68 | 183 | 167 | 37 | 83 |
| | SD | | | | | | | | | | 3.0 | 1.6 | 0.1 | 0.3 | 1.4 | 12.5 | 4.3 | 0.5 | 0.5 |
| 连轴黄玉米(磨碎，高水分) Corn, yellow, grain and cob, high moisture, ground | 4-26-240 | 86.6 | 精饲料 | 1.04 | 3.74 | 3.03 | 1.94 | 1.83 | 2.09 | 1.42 | 67.1 | 8.4 | 0.7 | 0.3 | 3.9 | 21.0 | 9.4 | 1.4 | 1.7 |
| | n | | | | | | | | | | 2708 | 2684 | 49 | 33 | 622 | 2675 | 2673 | 802 | 1381 |
| | SD | | | | | | | | | | 6.8 | 1.0 | 0.3 | 0.1 | 1.8 | 6.9 | 3.7 | 0.4 | 0.3 |

注：*n* 为样本数，SD 为标准差；NDICP = neutral detergent insoluble crude protein (N× 6.25)，中性洗涤剂不溶粗蛋白质；PAF = processingadjustment factor，加工校正系数；ADICP = acid detergentinsoluble crude protein (N × 6.25)，酸性洗涤剂不溶粗蛋白质；下同。

摘自：Nutrient Requirements of Dairy Cattle(2001)P284。

**表 2-5-34 饲料原料的氮组分、瘤胃非降解**

| 饲料名称与说明 | 国际饲料编号 IFN | 饲料类型 | 粗蛋白质 CP (%) | 中性洗涤剂不溶粗蛋白质 NDICP (%) | 酸性洗涤剂不溶粗蛋白质 ADICP (%) | N 组分 (%CP) | | | 潜在降解组分 B 的降解速度 kd (%/h) of B | 瘤胃非降解蛋白质 (%CP) | |
|---|---|---|---|---|---|---|---|---|---|---|---|
| | | | | | | 可溶解组分 A | 潜在降解组分 B | 非降解组分 C | | DMI 占体重 2.0%;粗料占 DMI 25% | DMI 占体重 4.0%;粗料占 DMI 50% |
| 黄玉米(粉碎,干,AA 数据引自磨碎干黄玉米) | 4-02-854 | 精饲料 | 9.4 | 0.7 | 0.3 | 23.9 | 72.5 | 3.6 | 4.9 | 37.0 | 47.3 |
| | n | | 1388 | 66 | 50 | | | | | | |
| | SD | | 1.3 | 0.3 | 0.2 | | | | | | |
| 黄玉米(磨碎,干,CP,NDICP,ADICP 数据引自粉碎黄玉米) | 4-02-854 | 精饲料 | 9.4 | 0.7 | 0.3 | 23.9 | 72.5 | 3.6 | 4.9 | 37.0 | 47.3 |
| | n | | | | | 27 | 27 | 27 | 27 | | |
| | SD | | | | | 12.5 | 14.7 | 8.3 | 2.0 | | |
| 黄玉米(蒸汽压片) | 4-02-854 | 精饲料 | 9.4 | 0.7 | 0.3 | 1.7 | 82.8 | 15.5 | 3.0 | 63.7 | 74.5 |
| | n | | | | | 1 | 1 | 1 | 1 | | |
| | SD | | | | | | | | | | |
| 黄玉米(高水分,直接压片,N 组分,kd,AA 数据引自高水分磨碎黄玉米) | 4-28-265 | 精饲料 | 9.2 | 0.6 | 0.3 | 27.9 | 71.4 | 0.7 | 5.1 | 32.9 | 43.0 |
| | n | | 4761 | 61 | 38 | | | | | | |
| | SD | | 0.9 | 0.3 | 0.3 | | | | | | |
| 黄玉米(磨碎,高水分) | 4-28-265 | 精饲料 | 9.2 | 0.6 | 0.3 | 27.9 | 71.4 | 0.7 | 5.1 | 32.9 | 43.0 |
| | n | | | | | 3 | 3 | 3 | 3 | | |
| | SD | | | | | 2.9 | 2.0 | 0.9 | 2.5 | | |
| 带芯黄玉米(磨碎,干) | 4-02-849 | 精饲料 | 8.6 | 0.9 | 0.4 | 30.0 | 68.3 | 1.7 | 5.0 | 32.8 | 42.5 |
| | n | | 190 | 4 | 6 | 1 | 1 | 1 | 1 | | |
| | SD | | 1.6 | 0.1 | 0.3 | | | | | | |
| 连轴黄玉米(磨碎,高水分,N 组分和 kd 数据由干黄玉米和高水分黄玉米计算得到) | 4-26-240 | 精饲料 | 8.4 | 0.7 | 0.3 | 34.0 | 65.7 | 0.3 | 5.2 | 29.6 | 38.9 |
| | n | | 2684 | 49 | 33 | | | | | | |
| | SD | | 1.0 | 0.29 | 0.1 | | | | | | |
| 黄玉米(干,挤压膨化,AA 数据引自干黄玉米)* | | 精饲料 | 8.1 | | | 42.3 | 23.0 | 34.7 | 3.9 | | |
| | n | | 1 | | | 1 | 1 | 1 | 1 | | |
| | SD | | | | | | | | | | |

注:Conc = Concentrate,精饲料;DMI = Dry matter intake,干物质采食量;表中粗蛋白质、中性洗涤剂不溶粗蛋白质(NDICP)和酸性洗涤剂不溶粗蛋白质(ADICP)的数据与表 2-5-33 中数据完全相同。粗蛋白质的组成(N fraction)和中速降解粗蛋白质的消化速度(kd)数据是已公开发表资料的综合。瘤胃非降解蛋白质的数据由文中有关章节的方程式计算得来,大部分的氨基酸数据来自于 Degussa 公司热心提供的取自于 *The Amino Acid Composition of Feedstuffs*(Fickler et al.,1996)一书的大量资料。部分翻译参考了《奶牛营养需要》.7 版.(孟庆翔主译,中国农业大学出版社)。

摘自:Nutrient Requirements of Dairy Cattle(2001)P292,* 摘自:Nutrient Requirements of Dairy Cattle(2001)P301。

**蛋白质的消化率及氨基酸含量**

| 瘤胃非降解蛋白质消化率（%） | 精氨酸 Arg | 组氨酸 His | 异亮氨酸 Ile | 亮氨酸 Leu | 赖氨酸 Lys | 蛋氨酸 Met | 半胱氨酸 Cys | 苯丙氨酸 Phe | 苏氨酸 Thr | 色氨酸 Trp | 缬氨酸 Val | 总必需氨基酸 TEAA | 赖氨酸 Lys | 蛋氨酸 Met |
|---|---|---|---|---|---|---|---|---|---|---|---|---|---|---|
| | %CP | %CP | %CP | %CP | %CP | %CP | %CP | %CP | %CP | %CP | %CP | %CP | %EAA | %EAA |
| 90 | 4.61 | 3.13 | 3.31 | 11.20 | 2.84 | 2.13 | 2.13 | 4.62 | 3.55 | 0.72 | 4.02 | 40.13 | 7.08 | 5.31 |
| | | | | | | | | | | | | | | |
| | | | | | | | | | | | | | | |
| 90 | 4.61 | 3.13 | 3.31 | 11.20 | 2.84 | 2.13 | 2.13 | 4.62 | 3.55 | 0.72 | 4.02 | 40.13 | 7.08 | 5.31 |
| | 599 | 599 | 599 | 599 | 599 | 599 | 599 | 599 | 599 | 599 | 599 | | | |
| | 0.05 | 0.05 | 0.04 | 0.14 | 0.03 | 0.02 | 0.02 | 0.05 | 0.03 | 0.04 | 0.04 | | | |
| 90 | 4.73 | 3.13 | 3.34 | 10.87 | 3.05 | 2.04 | 2.22 | 4.62 | 3.66 | 0.72 | 4.75 | 40.19 | 7.45 | 4.99 |
| | 6 | | 6 | 6 | 6 | 6 | 6 | | 6 | | 6 | | | |
| | 0.51 | | 0.26 | 1.60 | 0.47 | 0.20 | 0.08 | | 0.10 | | 0.27 | | | |
| 90 | 3.85 | 2.54 | 3.38 | 11.60 | 2.64 | 2.11 | 2.08 | 4.56 | 3.68 | 0.98 | 4.90 | 40.24 | 6.56 | 5.24 |
| | | | | | | | | | | | | | | |
| | | | | | | | | | | | | | | |
| 90 | 3.85 | 2.54 | 3.38 | 11.60 | 2.64 | 2.11 | 2.08 | 4.56 | 3.68 | 0.98 | 4.90 | 40.24 | 6.56 | 5.24 |
| | 37 | 37 | 37 | 37 | 37 | 37 | 37 | 37 | 37 | 37 | 37 | | | |
| | 0.74 | 0.22 | 0.25 | 0.93 | 0.41 | 0.28 | 0.21 | 0.33 | 0.30 | 0.10 | 0.38 | | | |
| 90 | 3.30 | 2.79 | 3.54 | 12.97 | 2.60 | 2.00 | 1.96 | 4.50 | 3.56 | 0.68 | 4.74 | 40.68 | 6.39 | 4.92 |
| | 56 | 56 | 56 | 56 | 56 | 56 | 56 | 56 | 56 | 56 | 56 | | | |
| | 0.61 | 0.32 | 0.15 | 0.66 | 0.17 | 0.15 | 0.11 | 0.30 | 0.09 | 0.07 | 0.16 | | | |
| 90 | 3.30 | 2.79 | 3.56 | 14.56 | 2.28 | 1.70 | 1.96 | 4.50 | 3.32 | 0.66 | 4.51 | 41.17 | 5.54 | 4.13 |
| | 12 | 12 | 12 | 12 | 12 | 12 | 12 | 12 | 12 | 12 | 12 | | | |
| | 0.34 | 0.28 | 0.21 | 0.83 | 0.31 | 0.14 | 0.23 | 0.34 | 0.18 | 0.07 | 0.28 | | | |
| 90 | 4.47 | 3.07 | 3.51 | 12.80 | 2.65 | 2.03 | 1.93 | 4.92 | 3.56 | 0.68 | 4.77 | 42.46 | 6.24 | 4.78 |
| | | | | | | | | | | | | | | |
| | | | | | | | | | | | | | | |

**表 2-5-35 奶牛常用饲料原料的矿物质成分(干物质基础)**

| 饲料名称与说明 | 国际饲料编号 IFN | 粗灰分 Ash | 钙 Ca | 磷 P | 镁 Mg | 钾 K | 钠 Na | 氯 Cl | 硫 S | 钴 Co | 铜 Cu | 碘 I | 铁 Fe | 锰 Mn | 硒 Se | 锌 Zn | 钼 Mo |
|---|---|---|---|---|---|---|---|---|---|---|---|---|---|---|---|---|---|
| | | % | % | % | % | % | % | % | % | mg/kg | mg/kg | mg/kg | mg/kg | mg/kg | mg/kg | mg/kg | mg/kg |
| 黄玉米(粉碎,干,数据引自磨碎玉米)Corn, yellow, grain, cracked, dry (Data from dry ground corn) | 4-02-854 | 1.5 | 0.04 | 0.30 | 0.12 | 0.42 | 0.02 | 0.08 | 0.10 | | 3 | | 54 | 11 | 0.07 | 27 | 0.8 |
| | *n* | | | | | | | | | | | | | | | | |
| | SD | | | | | | | | | | | | | | | | |
| 黄玉米(磨碎,干)Corn, yellow, grain, ground, dry | 4-02-854 | 1.5 | 0.04 | 0.30 | 0.12 | 0.42 | 0.02 | 0.08 | 0.10 | | 3 | | 54 | 11 | 0.07 | 27 | 0.8 |
| | *n* | 567 | 1 185 | 1 185 | 1 185 | 1 185 | 554 | 143 | 322 | | 572 | | 572 | 327 | 45.00 | 327 | 542 |
| | SD | 0.5 | 0.07 | 0.05 | 0.03 | 0.06 | 0.08 | 0.07 | 0.01 | | 4 | | 53 | 24 | 0.05 | 20 | 0.5 |
| 黄玉米(蒸汽压片,数据引自干磨碎玉米)Corn, yellow, grain, steam-flaked (Data from dry ground corn) | 4-02-854 | 1.5 | 0.04 | 0.30 | 0.12 | 0.42 | 0.02 | 0.08 | 0.10 | | 3 | | 54 | 11 | 0.07 | 27 | 0.8 |
| | *n* | | | | | | | | | | | | | | | | |
| | SD | | | | | | | | | | | | | | | | |
| 黄玉米(高水分,直接压片,数据引自高水分磨碎玉米)Corn, yellow, grain, rolled, high moisture (Data from ground high moisture corn) | 4-28-265 | 1.5 | 0.03 | 0.30 | 0.12 | 0.43 | 0.01 | 0.05 | 0.10 | | 1 | | 59 | 7 | 0.07 | 21 | 0.7 |
| | *n* | | | | | | | | | | | | | | | | |
| | SD | | | | | | | | | | | | | | | | |
| 黄玉米(磨碎,高水分)Corn, yellow, grain, ground, high moisture | 4-28-265 | 1.5 | 0.03 | 0.30 | 0.12 | 0.43 | 0.01 | 0.05 | 0.10 | | 1 | | 59 | 7 | 0.07 | 21 | 0.7 |
| | *n* | 2544 | 4633 | 4633 | 4633 | 4633 | 439 | 107 | 1317 | | 853 | | 853 | 853 | | 853 | 694 |
| | SD | 0.6 | 0.03 | 0.03 | 0.03 | 0.06 | 0.01 | 0.01 | 0.01 | | 1 | | 87 | 3 | | 5 | 0.4 |
| 连轴黄玉米(磨碎,干)Corn, yellow, grain and cob, dry, ground | 4-02-849 | 1.7 | 0.06 | 0.29 | 0.13 | 0.49 | 0.03 | 0.07 | 0.10 | | 3 | | 91 | 10 | 0.07 | 27 | 0.8 |
| | *n* | 83 | 158 | 158 | 158 | 158 | 55 | 2 | 48 | | 54 | | 54 | 54 | | 54 | 52 |
| | SD | 0.5 | 0.09 | 0.07 | 0.04 | 0.14 | 0.16 | | 0.01 | | 1 | | 71 | 6 | | 9 | 0.5 |
| 带芯黄玉米(粉碎,高水分)Corn, yellow, grain and cob, high moisture | 4-26-240 | 1.7 | 0.05 | 0.28 | 0.12 | 0.48 | 0.01 | 0.07 | 0.09 | | 3 | | 68 | 9 | 0.07 | 22 | 0.7 |
| | *n* | 1381 | 2608 | 2608 | 2608 | 2608 | 470 | 54 | 907 | | 599 | | 599 | 599 | | 599 | 470 |
| | SD | 0.28 | 0.03 | 0.03 | 0.01 | 0.07 | 0.03 | 0.03 | 0.01 | | 2 | | 60 | 4 | | 5 | 0.4 |

摘自:Nutrient Requirements of Dairy Cattle(2001)P305。

## 2.6 美国和加拿大资料

### 2.6.1 杨诗兴,等编译.1981.国外家畜饲养与营养资料选编.//NRC.US and Dep.Agr.Canada.1971. Atlas of Nutritional Data on United States and Canadian Feeds[23]

**1.常规成分及其有效性**

表 2-6-1 常规成分及有效性

| 国际饲料编码(INFIC) | | 4-02-879 | 4-02-859 | 4-02-861 | 4-02-853 | 4-02-880 | 4-02-886 | 4-02-932 | 4-02-979 | 4-02-993 |
|---|---|---|---|---|---|---|---|---|---|---|
| 原料名称 | | 玉米籽实 | 玉米籽实,压片 | 玉米籽实粉 | 玉米籽实,煮 | 玉米籽实细粉(玉米饲料粉) | 玉米粗粉 | 黄马牙玉米籽实 | 白玉米粉 | 黄玉米籽实 |
| 饲料成分 | 畜种及有效性 | | | | | | | | | |
| 干物质(%) | | 87.0 | 91.9 | 87.2 | 87.6 | 88.0 | 88.2 | 86.0 | 87.9 | 87.8 |
| 粗灰分(%) | | 1.4 | 1.9 | 1.9 | 1.8 | 1.7 | 0.4 | 1.2 | 0.6 | 1.2 |
| 粗纤维(%) | | 2.1 | 0.5 | 2.0 | 1.6 | 2.4 | 0.5 | 2.1 | 0.6 | 2.6 |
| | 牛消化率(%) | 16 | — | — | — | — | — | 19 | 19 | — |
| | 马消化率(%) | 17 | — | — | — | — | — | — | — | — |
| | 绵羊消化率(%) | 62 | — | — | — | — | — | 30 | 30 | — |
| | 猪消化率(%) | 12 | 30 | — | 23 | — | — | — | 47 | — |
| 粗脂肪(%) | | 4.1 | 1.1 | 3.2 | 4.5 | 4.5 | 0.7 | 3.7 | 1.2 | 4.1 |
| | 牛消化率(%) | 85 | — | — | — | — | — | 87 | 87 | — |
| | 马消化率(%) | 70 | — | — | — | — | — | 87 | — | — |
| | 绵羊消化率(%) | 86 | — | — | — | — | — | — | 87 | — |
| | 猪消化率(%) | 62 | 45 | — | 64 | — | — | — | 70 | — |
| 无氮浸出物(%) | | 69.9 | 79.5 | 70.8 | 69.7 | 70.1 | 78.1 | 70.3 | 76.9 | 70.9 |
| | 牛消化率(%) | 90 | — | — | — | — | — | 91 | 91 | — |
| | 马消化率(%) | 93 | — | — | — | — | — | — | — | — |
| | 绵羊消化率(%) | 96 | — | — | — | — | — | 99 | 99 | — |
| | 猪消化率(%) | 80 | 97 | — | 92 | — | — | — | 93 | — |
| 粗蛋白质*(%) | | 9.5 | 9.0 | 9.3 | 9.4 | 9.2 | 8.5 | 8.7 | 8.6 | 9.1 |
| | 牛消化率(%) | 69 | — | — | — | — | — | 75 | 75 | — |
| | 马消化率(%) | 78 | — | — | — | — | — | — | — | — |
| | 绵羊消化率(%) | 74 | — | — | — | — | — | 78 | 78 | — |

续表 2-6-1

| 国际饲料编码 (INFIC) | | 4-02-879 | 4-02-859 | 4-02-861 | 4-02-853 | 4-02-880 | 4-02-886 | 4-02-932 | 4-02-979 | 4-02-993 |
|---|---|---|---|---|---|---|---|---|---|---|
| 原料名称 | | 玉米籽实 | 玉米籽实，压片 | 玉米籽实粉 | 玉米籽实，煮 | 玉米籽实细粉（玉米饲料粉） | 玉米粗粉 | 黄马牙玉米籽实 | 白玉米粉 | 黄玉米籽实 |
| 饲料成分 | 畜种及有效性 | | | | | | | | | |
| 粗蛋白质*（%） | 猪消化率(%) | 66 | 95 | — | 86 | — | — | — | 80 | — |
| | 牛可消化粗蛋白质(%) | 6.5 | 4.6 | 5.1 | 5.2 | 5.0 | 4.3 | 6.5 | 6.4 | 4.8 |
| | 山羊可消化粗蛋白质(%) | 6.3 | 5.7 | 6.1 | 6.2 | 6.0 | 5.4 | 5.6 | 5.5 | 5.9 |
| | 马可消化粗蛋白质(%) | 7.4 | 5.7 | 6.1 | 6.2 | 6.0 | 5.4 | 5.6 | 5.5 | 5.9 |
| | 绵羊可消化粗蛋白质(%) | 7.0 | 5.7 | 6.1 | 6.2 | 6.0 | 5.4 | 6.8 | 6.7 | 5.9 |
| | 猪可消化粗蛋白质(%) | 6.3 | 8.6 | — | 8.1 | — | — | — | 6.9 | — |
| 纤维素**（%） | | — | — | — | — | — | — | — | — | 2.1 |
| 淀粉(%) | | 66.4 | — | — | — | — | — | 62.1 | — | — |
| 能量 | 总能(Mcal/kg) | 3.67 | — | — | — | — | 3.63 | — | — | 3.99 |
| | 牛消化能(Mcal/kg) | 3.41 | 3.23 | 3.10 | 3.14 | 3.49 | 3.45 | 3.45 | 3.48 | 3.52 |
| | 马消化能(Mcal/kg) | 3.49 | — | — | — | — | — | — | — | — |
| | 绵羊消化能(Mcal/kg) | 3.67 | 3.51 | 3.30 | 3.33 | 3.66 | 3.41 | 3.72 | 3.76 | 3.79 |
| | 猪消化能(Mcal/kg) | 2.99 | 3.83 | 3.49 | 3.49 | 3.69 | 3.59 | 3.50 | 3.55 | 3.56 |
| | 牛代谢能(Mcal/kg) | 2.79 | 2.65 | 2.54 | 2.57 | 2.87 | 2.33 | 2.83 | 2.85 | 2.88 |
| | 马代谢能(Mcal/kg) | 2.86 | — | — | — | — | — | — | — | — |
| | 鸡代谢能(Mcal/kg) | — | 3.41 | — | — | 3.09 | — | 3.43 | 3.50 | 3.29 |
| | 绵羊代谢能(Mcal/kg) | 3.01 | 2.88 | 2.71 | 2.73 | 3.00 | 2.80 | 3.05 | 3.09 | 3.11 |
| | 猪代谢能(Mcal/kg) | 2.80 | 3.60 | 3.27 | 3.27 | 3.47 | 3.38 | 3.28 | 3.34 | 3.35 |
| | 牛维持净能(Mcal/kg) | — | — | — | — | — | — | 1.96 | — | — |
| | 牛增重净能(Mcal/kg) | — | — | — | — | — | — | 1.27 | — | — |
| | 牛产乳净能(Mcal/kg) | — | — | — | — | — | — | 2.24 | — | — |
| | 牛总消化养分(%) | 77.3 | 73.2 | 70.3 | 71.1 | 79.3 | 78.1 | 78.2 | 78.9 | 79.8 |
| | 马总消化养分(%) | 79.2 | — | — | — | — | — | — | — | — |
| | 绵羊总消化养分(%) | 83.3 | 79.7 | 74.9 | 75.5 | 83.0 | 77.3 | 84.3 | 85.4 | 86.0 |
| | 猪总消化养分(%) | 67.8 | 86.9 | 79.0 | 79.1 | 83.8 | 81.4 | 79.3 | 80.6 | 80.8 |

注：* 粗蛋白质＝N×6.25；** 纤维素用 Matrone 法测定。4-02-879，4-02-859，4-02-861，4-02-853，4-02-880，4-02-886 原书汇总在“玉米 Corn，*Zea mays*”，4-02-932 在“黄马牙玉米 Corn，Dent yellow. *Zea mays indentata*”，4-02-979 在“白玉米 Corn，White. *Zea mays*”，4-02-993 在“黄玉米 Corn，Yellow. *Zea mays*”。另外，原书中有原样和干样两套数值，此书未列干物质基础数据，读者可根据干物质含量自行计算。下同。

摘自：《国外家畜饲养与营养资料选编》(1981)P184-190、197-198、200-203，下同。

## 2. 氨基酸含量

表 2-6-2 氨基酸含量(%)

| 国际饲料编码（INFIC） | 4-02-879 | 4-02-859 | 4-02-861 | 4-02-853 | 4-02-880 | 4-02-886 | 4-02-932 | 4-02-979 | 4-02-993 |
|---|---|---|---|---|---|---|---|---|---|
| 原料名称 | 玉米籽实 | 玉米籽实，压片 | 玉米籽实粉 | 玉米籽实，煮 | 玉米籽实细粉（玉米饲料粉） | 玉米粗粉 | 黄马牙玉米籽实 | 白玉米粉 | 黄玉米籽实 |
| 干物质 | 87.0 | 91.9 | 87.2 | 87.0 | 88.0 | 88.2 | 86.0 | 87.9 | 87.8 |
| 粗蛋白质 | 9.5 | 9.0 | 9.3 | 9.4 | 9.2 | 8.5 | 8.7 | 8.6 | 9.1 |
| 精氨酸 | 0.35 | 0.29 | 0.40 | — | 0.50 | — | — | — | 0.37 |
| 胱氨酸 | 0.09 | 0.10 | 0.10 | — | 0.17 | — | — | — | — |
| 谷氨酸 | 2.35 | — | 2.78 | — | — | — | — | — | 1.67 |
| 组氨酸 | 0.17 | — | 0.20 | — | — | — | — | — | 0.21 |
| 异亮氨酸 | 0.43 | — | 0.40 | — | — | — | — | — | 0.21 |
| 亮氨酸 | 1.04 | — | 0.89 | — | — | — | — | — | 1.04 |
| 赖氨酸 | 0.26 | 0.29 | 0.20 | — | 0.20 | — | — | — | 0.25 |
| 蛋氨酸 | 0.17 | 0.10 | 0.10 | — | 0.18 | — | — | — | 0.15 |
| 苯丙氨酸 | 0.43 | — | 0.40 | — | — | — | — | — | 0.40 |
| 丝氨酸 | 0.70 | — | 0.10 | — | — | — | — | — | 0.46 |
| 苏氨酸 | 0.26 | — | 0.30 | — | — | — | — | — | 0.32 |
| 色氨酸 | 0.09 | 0.07 | 0.10 | — | 0.09 | — | — | — | — |
| 酪氨酸 | 0.43 | — | 0.40 | — | — | — | — | 0.40 | 0.32 |
| 缬氨酸 | 0.43 | — | 0.30 | — | — | — | — | — | 0.32 |
| 甘氨酸 | — | — | — | — | 0.30 | — | — | — | 0.36 |
| 丙氨酸 | — | — | — | — | — | — | — | — | 0.69 |
| 天冬氨酸 | — | — | — | — | — | — | — | — | 0.62 |
| 脯氨酸 | — | — | — | — | — | — | — | — | 0.78 |

### 3. 矿物质含量

表 2-6-3　矿物质含量

| 国际饲料编码（INFIC） | | 4-02-879 | 4-02-859 | 4-02-861 | 4-02-853 | 4-02-880 | 4-02-886 | 4-02-932 | 4-02-979 | 4-02-993 |
|---|---|---|---|---|---|---|---|---|---|---|
| 原料名称 | | 玉米籽实 | 玉米籽实，压片 | 玉米籽实粉 | 玉米籽实，煮 | 玉米籽实细粉（玉米饲料粉） | 玉米粗粉 | 黄马牙玉米籽实 | 白玉米粉 | 黄玉米籽实 |
| 干物质 | % | 87.0 | 91.9 | 87.2 | 87.0 | 88.0 | 88.2 | 86.0 | 87.9 | 87.8 |
| 钙 | % | — | — | 0.03 | — | 0.03 | 0.01 | 0.02 | 0.02 | — |
| 磷 | % | — | 0.10 | 0.27 | — | 0.36 | 0.09 | 0.25 | 0.16 | — |
| 氯 | % | — | — | 0.02 | — | — | 0.05 | — | — | — |
| 铜 | mg/kg | — | — | 3.1 | — | — | — | — | — | 2.9 |
| 铁 | % | — | — | 0.004 | — | — | 0.001 | 0.002 | — | — |
| 镁 | % | — | — | 0.11 | — | 0.10 | 0.02 | — | — | — |
| 锰 | mg/kg | — | — | 6.1 | — | 4.8 | — | 5.5 | — | 3.9 |
| 钾 | % | — | — | 0.31 | — | 0.29 | 0.08 | — | — | — |
| 钠 | % | — | — | 0.07 | — | 0.10 | 0.01 | — | — | — |
| 硫 | % | — | — | 0.08 | — | 0.11 | 0.17 | — | — | — |
| 硒 | mg/kg | — | — | — | — | — | — | — | — | 0.067 |

## 4. 维生素含量

表 2-6-4 维生素含量

| 国际饲料编码 (INFIC) | | 4-02-879 | 4-02-859 | 4-02-861 | 4-02-853 | 4-02-880 | 4-02-886 | 4-02-932 | 4-02-979 | 4-02-993 |
|---|---|---|---|---|---|---|---|---|---|---|
| 原料名称 | | 玉米籽实 | 玉米籽实,压片 | 玉米籽实粉 | 玉米籽实,煮 | 玉米籽实细粉（玉米饲料粉） | 玉米粗粉 | 黄马牙玉米籽实 | 白玉米粉 | 黄玉米籽实 |
| 干物质 | % | 87.0 | 91.9 | 87.2 | 87.0 | 88.0 | 88.2 | 86.0 | 87.9 | 87.8 |
| 胡萝卜素 | mg/kg | — | — | — | — | 2.4 | — | — | — | — |
| 维生素 A 等值（Vitamin A equivalent） | IU/g | — | — | — | — | 4.0 | — | — | — | — |
| 维生素 A | IU/g | — | — | — | — | — | 4.4 | — | — | — |
| α-维生素 E | mg/kg | — | — | — | — | 3.5 | — | — | — | — |
| 维生素 $B_1$ | mg/kg | — | — | — | — | 3.3 | 1.4 | — | 1.5 | 0.8 |
| 维生素 $B_2$ | mg/kg | — | 15.6 | — | — | 1.1 | 0.6 | — | 0.9 | 1.2 |
| 维生素 $B_6$ | mg/kg | — | — | — | — | — | 2.65 | — | — | 4.26 |
| 胆碱 | mg/kg | — | 427 | 591 | — | 492 | — | — | — | — |
| 生物素 (Biotin) | mg/kg | — | — | — | — | — | 0.02 | — | — | — |
| 烟酸 | mg/kg | — | 8.7 | — | — | 22.7 | 10.6 | — | 17.6 | 33.6 |
| 泛酸 | mg/kg | — | 0.4 | — | — | 5.3 | 2.2 | — | — | 7.5 |

## 2.6.2 National Research Council.1982.United States－Canadian Tables of Feed Composition(美国－加拿大饲料成分表)[24]

### 1. 饲料原料的组成(能值、概略养分、植物细胞壁成分和酸性洗涤纤维)

表 2-6-5 饲料原料的组成、能值、概略养分、植物细胞壁成分和酸性洗涤纤维(饲喂基础或干物质基础)

| 样品描述 | 国际饲料编号 IFN | 干物质 DM(%) | 反刍动物 Ruminants | | | | | 奶牛产奶 | 鸡 Chickens | | | 马 Horses | | |
|---|---|---|---|---|---|---|---|---|---|---|---|---|---|---|
| | | | 总可消化养分 TDN(%) | 消化能 DE (Mcal/kg) | 代谢能 ME (Mcal/kg) | 维持净能 NEm (Mcal/kg) | 增重净能 NEg (Mcal/kg) | 净能 Dairy Cattle NEl (Mcal/kg) | 氮校正代谢能 MEn (kcal/kg) | 真代谢能 TME (kcal/kg) | 生产净能 NEp (kcal/kg) | 总可消化养分 TDN (%) | 消化能 DE (Mcal/kg) | 代谢能 ME (Mcal/kg) |
| 玉米籽粒(Grain) | 4-02-935 | 89.0 | 77.0 | 3.40 | 3.03 | 1.85 | 1.26 | 1.78 | 3383.0 | 3671.0 | 2491.0 | — | — | — |
| | | 100.0 | 87.0 | 3.84 | 3.42 | 2.09 | 1.42 | 2.01 | 3818.0 | 4143.0 | 2812.0 | — | — | — |
| 玉米籽粒,煮干(Grain,boiled dehy) | 4-02-853 | 88.0 | 74.0 | 3.26 | 2.90 | 1.76 | 1.19 | 1.71 | — | — | — | — | — | — |
| | | 100.0 | 84.0 | 3.70 | 3.29 | 2.00 | 1.35 | 1.94 | — | — | — | — | — | — |
| 玉米籽粒,粉碎(Grain,cracked) | 4-20-698 | 89.0 | 71.0 | 3.14 | 2.77 | 1.67 | 1.11 | 1.64 | — | — | — | — | — | — |
| | | 100.0 | 80.0 | 3.53 | 3.11 | 1.88 | 1.24 | 1.84 | — | — | — | — | — | — |
| 压片玉米(Grain,flaked) | 4-28-244 | 89.0 | 78.0 | 3.45 | 3.08 | 1.89 | 1.28 | 1.81 | — | — | — | — | — | — |
| | | 100.0 | 88.0 | 3.88 | 3.47 | 2.12 | 1.45 | 2.04 | — | — | — | — | — | — |
| 玉米籽粒,磨碎(Grain,ground) | 4-26-023 | 88.0 | 75.0 | 3.29 | 2.93 | 1.79 | 1.21 | 1.73 | 3394.0 | — | — | — | — | — |
| | | 100.0 | 85.0 | 3.75 | 3.34 | 2.03 | 1.37 | 1.96 | 3862.0 | — | — | — | — | — |
| 玉米籽粒,高水分(Grain, high moisture) | 4-20-770 | 77.0 | 71.0 | 3.12 | 2.80 | 1.73 | 1.18 | 1.64 | — | — | — | — | — | — |
| | | 100.0 | 92.0 | 4.06 | 3.65 | 2.25 | 1.54 | 2.13 | — | — | — | — | — | — |
| 玉米籽粒,高赖氨酸含量 Grain, opaque 2(high lysine) | 4-28-253 | 90.0 | 80.0 | 3.54 | 3.17 | 1.94 | 1.32 | 1.86 | 3369.0 | — | 2484.0 | — | — | — |
| | | 100.0 | 89.0 | 3.92 | 3.51 | 2.15 | 1.47 | 2.06 | 3738.0 | — | 2756.0 | — | — | — |
| 玉米籽粒(Grain) | 4-02-948 | 89.0 | 83.0 | 3.67 | 3.31 | 2.05 | 1.41 | 1.93 | — | — | — | — | — | — |
| | | 100.0 | 94.0 | 4.14 | 3.74 | 2.31 | 1.59 | 2.18 | — | — | — | — | — | — |

续表 2-6-5

| 样品描述 | 干物质 DM (%) | 猪 Swine | | | 粗蛋白质 CP (%) | 植物细胞壁成分 Plant Cell Wall Constituents | | | | | | 粗脂肪 EE (%) | 粗灰分 Ash (%) |
|---|---|---|---|---|---|---|---|---|---|---|---|---|---|
| | | 总可消化养分 TDN (%) | 消化能 DE (kcal/kg) | 代谢能 ME (kcal/kg) | | 细胞壁 Cell Walls (%) | 纤维素 Cellulose (%) | 半纤维素 Hemicellulose(%) | 木质素 Lignin (%) | 酸性洗涤纤维 ADF (%) | 粗纤维 CF (%) | | |
| 玉米籽粒(Grain) | 89.0 | 80.0 | 3399.0 | 3300.0 | 9.6 | 8.0 | 2.0 | 5.0 | 1.0 | 3.0 | 2.6 | 3.8 | 1.3 |
| | 100.0 | 90.0 | 3837.0 | 3724.0 | 10.9 | 9.0 | 2.0 | 6.0 | 1.0 | 3.0 | 2.9 | 4.3 | 1.5 |
| 玉米籽粒，煮干(Grain, boiled dehy) | 88.0 | 80.0 | 3533.0 | 3316.0 | 9.3 | — | — | — | — | — | 1.6 | 4.6 | 1.9 |
| | 100.0 | 91.0 | 4008.0 | 3762.0 | 10.5 | — | — | — | — | — | 1.8 | 5.2 | 2.1 |
| 玉米籽粒，粉碎(Grain, cracked) | 89.0 | — | — | — | 8.9 | 8.0 | 2.0 | 5.0 | 1.0 | 3.0 | 2.2 | — | — |
| | 100.0 | — | — | — | 10.0 | 9.0 | 2.0 | 6.0 | 1.0 | 3.0 | 2.5 | — | — |
| 压片玉米(Grain, flaked) | 89.0 | 85.0 | 3735.0 | 3501.0 | 9.9 | — | — | — | — | — | 0.6 | 2.0 | 0.9 |
| | 100.0 | 95.0 | 4206.0 | 3943.0 | 11.2 | — | — | — | — | — | 0.7 | 2.2 | 1.0 |
| 玉米籽粒，磨碎(Grain, ground) | 88.0 | 75.0 | 3373.0 | 3264.0 | 8.8 | 8.0 | 2.0 | 5.0 | 1.0 | 3.0 | 2.2 | 3.8 | 1.4 |
| | 100.0 | 85.0 | 3837.0 | 3714.0 | 10.0 | 9.0 | 2.0 | 6.0 | 1.0 | 3.0 | 2.5 | 4.3 | 1.5 |
| 玉米籽粒，高水分(Grain, high moisture) | 77.0 | 66.0 | 2891.0 | 2713.0 | 8.2 | — | — | — | — | 4.0 | 2.0 | 3.3 | 1.2 |
| | 100.0 | 85.0 | 3765.0 | 3534.0 | 10.7 | — | — | — | — | 5.0 | 2.6 | 4.3 | 1.6 |
| 玉米籽粒，高赖氨酸含量(Grain, opaque 2)(high lysine) | 90.0 | 77.0 | 3664.0 | 3434.0 | 10.1 | — | — | — | — | — | 3.3 | 4.3 | 1.6 |
| | 100.0 | 85.0 | 4065.0 | 3810.0 | 11.3 | — | — | — | — | — | 3.7 | 4.8 | 1.8 |
| 玉米籽粒(Grain) | 89.0 | 75.0 | 3328.0 | 3120.0 | 9.9 | — | — | — | — | — | 1.9 | 4.3 | 1.5 |
| | 100.0 | 85.0 | 3761.0 | 3526.0 | 11.1 | — | — | — | — | — | 2.1 | 4.9 | 1.7 |

注：4-02-935，4-02-853，4-20-698，4-28-244，4-26-023，4-20-770，4-28-253 原书汇总在“Corn, Dent Yellow, *Zea mays indentata*（马齿型黄玉米）”；4-02-948 为“Corn, Flint, *Zea mays indentata*（硬粒型玉米）”；带下划线数字为编者标注，用于提示其与对应干物质不同的数值之间比例可能存在问题；下同。

摘自：United States-Canadian Tables of Feed Composition(1982)P22-25。

### 2. 饲料原料的矿物质

表 2-6-6 饲料原料的矿物质含量(饲喂基础或干物质基础)

| 样品描述 | 国际饲料编号 IFN | 干物质 DM(%) | 钙 Ca (%) | 氯 Cl (%) | 镁 Mg (%) | 磷 P (%) | 钾 K (%) | 钠 Na (%) | 硫 S (%) | 钴 Co (mg/kg) | 铜 Cu (mg/kg) | 碘 I (mg/kg) | 铁 Fe (mg/kg) | 锰 Mn (mg/kg) | 硒 Se (mg/kg) | 锌 Zn (mg/kg) |
|---|---|---|---|---|---|---|---|---|---|---|---|---|---|---|---|---|
| 玉米籽粒(Grain) | 4-02-935 | 89.0 | 0.03 | 0.04 | 0.12 | 0.26 | 0.33 | 0.03 | 0.11 | 0.05 | 4.0 | — | 27.0 | 5.0 | 0.07 | 13.0 |
| | | 100.0 | 0.03 | 0.05 | 0.14 | 0.29 | 0.37 | 0.03 | 0.12 | 0.05 | 4.0 | — | 30.0 | 5.0 | 0.08 | 14.0 |
| 玉米籽粒,高水分(Grain, high moisture) | 4-20-770 | 77.0 | 0.01 | 0.04 | 0.11 | 0.25 | 0.27 | 0.01 | 0.11 | — | 3.0 | — | 23.0 | 5.0 | — | 14.0 |
| | | 100.0 | 0.02 | 0.05 | 0.14 | 0.32 | 0.35 | 0.01 | 0.14 | — | 4.0 | — | 30.0 | 6.0 | — | 18.0 |
| 玉米籽粒,高赖氨酸含量(Grain, opaque 2,high lysine) | 4-28-253 | 90.0 | 0.03 | — | 0.13 | 0.20 | 0.35 | — | 0.10 | — | — | — | — | — | — | — |
| | | 100.0 | 0.03 | — | 0.14 | 0.22 | 0.39 | — | 0.11 | — | — | — | — | — | — | — |
| 玉米籽粒(Grain) | 4-02-948 | 89.0 | — | — | — | 0.27 | 0.32 | — | — | — | 12.0 | — | 27.0 | 7.0 | — | — |
| | | 100.0 | — | — | — | 0.31 | 0.36 | — | — | — | 13.0 | — | 30.0 | 8.0 | — | — |

摘自:United States-Canadian Tables of Feed Composition(1982)P65-66。

### 3. 饲料原料的维生素

表 2-6-7 饲料原料的维生素含量(饲喂基础或干物质基础)

| 样品描述 | 国际饲料编号 IFN | 干物质 DM (%) | 脂溶性维生素 Fat-Soluble Vitamins | | | | | 水溶性维生素 Water-Soluble Vitamins | | | | | | | | | |
|---|---|---|---|---|---|---|---|---|---|---|---|---|---|---|---|---|---|
| | | | 胡萝卜素 Carotene (维生素A原)(Provitamin A)(mg/kg) | 维生素 A (IU/g) | 维生素 $D_2$ (IU/kg) | 维生素 E (mg/kg) | 维生素 K (mg/kg) | 生物素 Biotin (mg/kg) | 胆碱 Choline (mg/kg) | 叶酸 Folic acid (mg/kg) | 烟酸 Niacin (mg/kg) | 泛酸 Pantothenic acid (mg/kg) | 维生素 $B_2$ Riboflavin (mg/kg) | 维生素 $B_1$ Thiamine (mg/kg) | 维生素 $B_6$ (mg/kg) | 维生素 $B_{12}$ (μg/kg) | 叶黄素 Xanthophylls (mg/kg) |
| 玉米籽粒(Grain) | 4-02-935 | 89.0 | 2.0 | — | — | 22.0 | 0.2 | 0.07 | 502.0 | 0.3 | 25.0 | 5.9 | 1.2 | 3.4 | 4.7 | — | 17.0 |
| | | 100.0 | 3.0 | — | — | 25.0 | 0.2 | 0.08 | 567.0 | 0.3 | 28.0 | 6.6 | 1.4 | 3.8 | 5.3 | — | 19.0 |
| 玉米籽粒,高赖氨酸含量(Grain, opaque 2,high lysine) | 4-28-253 | 90.0 | 5.0 | — | — | — | — | — | 518.0 | — | 19.0 | 4.7 | 1.1 | — | — | — | — |
| | | 100.0 | 5.0 | — | — | — | — | — | 575.0 | — | 22.0 | 5.2 | 1.2 | — | — | — | — |

摘自:United States-Canadian Tables of Feed Composition(1982)P92-93。

## 4. 饲料原料的氨基酸

表 2-6-8 饲料原料的氨基酸(饲喂基础或干物质基础,%)

| 样品描述 | 国际饲料编号 IFN | 干物质 DM | 粗蛋白质 CP | 精氨酸 Arg | 甘氨酸 Gly | 组氨酸 His | 异亮氨酸 Ile | 亮氨酸 Leu | 赖氨酸 Lys | 蛋氨酸 Met | 胱氨酸 Cys | 苯丙氨酸 Phe | 酪氨酸 Tyr | 丝氨酸 Ser | 苏氨酸 Thr | 色氨酸 Trp | 缬氨酸 Val |
|---|---|---|---|---|---|---|---|---|---|---|---|---|---|---|---|---|---|
| 玉米籽粒(Grain) | 4-02-935 | 89.0 | 9.6 | 0.43 | 0.37 | 0.26 | 0.35 | 1.21 | 0.25 | 0.17 | 0.22 | 0.48 | 0.38 | 0.50 | 0.35 | 0.08 | 0.44 |
| | | 100.0 | 10.9 | 0.48 | 0.42 | 0.29 | 0.39 | 1.37 | 0.28 | 0.19 | 0.25 | 0.54 | 0.43 | 0.57 | 0.40 | 0.09 | 0.50 |
| 玉米籽粒,磨碎(Grain,ground) | 4-26-023 | 88.0 | 8.8 | 0.47 | 0.33 | 0.22 | 0.34 | 0.99 | 0.21 | 0.18 | 0.16 | 0.43 | 0.38 | 0.46 | 0.35 | 0.08 | 0.44 |
| | | 100.0 | 10.0 | 0.54 | 0.38 | 0.25 | 0.39 | 1.12 | 0.24 | 0.21 | 0.18 | 0.49 | 0.43 | 0.53 | 0.39 | 0.09 | 0.51 |
| 压片玉米(Grain,flaked) | 4-28-244 | 89.0 | 9.9 | 0.44 | 0.36 | 0.28 | 0.34 | 1.24 | 0.25 | 0.15 | 0.25 | 0.44 | 0.39 | 0.48 | 0.35 | — | 0.47 |
| | | 100.0 | 11.2 | 0.49 | 0.40 | 0.31 | 0.38 | 1.40 | 0.28 | 0.17 | 0.28 | 0.50 | 0.44 | 0.54 | 0.39 | — | 0.53 |
| 玉米籽粒,高赖氨酸含量(Grain,opaque 2,high lysine) | 4-28-253 | 90.0 | 10.1 | 0.66 | 0.48 | 0.35 | 0.35 | 0.99 | 0.42 | 0.17 | 0.20 | 0.43 | 0.40 | 0.47 | 0.37 | 0.11 | 0.50 |
| | | 100.0 | 11.3 | 0.73 | 0.53 | 0.39 | 0.38 | 1.10 | 0.46 | 0.19 | 0.22 | 0.48 | 0.44 | 0.52 | 0.41 | 0.12 | 0.56 |
| 玉米籽粒(Grain) | 4-02-948 | 89.0 | 9.9 | — | — | — | — | — | 0.27 | 0.18 | — | — | — | — | — | 0.09 | — |
| | | 100.0 | 11.1 | — | — | — | — | — | 0.30 | 0.20 | — | — | — | — | — | 0.10 | — |

摘自:United States-Canadian Tables of Feed Composition(1982)P116-117。

## 5. 饲料原料的脂肪和脂肪酸

表 2-6-9 饲料原料的脂肪和脂肪酸含量(饲喂基础或干物质基础,%)*

| 样品描述 | 国际饲料编号 IFN | 干物质 DM | 粗脂肪 EE | 饱和脂肪酸** Saturated fat | 不饱和脂肪酸** Unsaturated fat | 亚油酸 Linoleic acid | 花生四烯酸*** Arachidonic acid |
|---|---|---|---|---|---|---|---|
| 玉米籽粒(Grain) | 4-02-935 | 89.0 | 4.0 | 0.8 | 3.3 | 1.82 | — |
| | | 100.0 | 4.5 | 0.9 | 3.7 | 2.05 | — |

注:* 除花生四烯酸外,其他数据都来源于 Edwards (1964);** 由假设粗脂肪全部为甘油三酯计算得来,因此,饱和脂肪酸和不饱和脂肪酸含量由两者所占比例分别乘以粗脂肪;*** 数据都来源于 Hiditch and Williams (1964)。

摘自:United States-Canadian Tables of Feed Composition(1982)P132。

## 2.7 日本资料

### 2.7.1 斋藤道雄.1948. 农艺化学全书第 12 册饲料学(上卷)[25]

**1. 伪满洲中央试验所及铃木幸三对玉米营养成分的分析结果**

表 2-7-1 伪满洲中央试验所及铃木幸三对玉米营养成分的分析结果(%)

| | 水分 | 粗蛋白质 | 粗脂肪 | 粗纤维 | 无氮浸出物 | 粗灰分 |
|---|---|---|---|---|---|---|
| 伪满洲中央试验所 | 13.38 | 9.22 | 3.66 | 2.08 | 70.37 | 1.29 |
| 铃木幸三分析 | 12.36 | 9.85 | 4.24 | 1.16 | 67.20 | 1.90 |

摘自:《农艺化学全书第 12 册饲料学上卷》(1948)P580。

**2. 高桥荣治对北海道各种玉米营养成分的分析结果**

表 2-7-2 高桥荣治对各种玉米营养成分的分析结果(%)

| 品种 | 水分 | 粗蛋白质 | 粗脂肪 | 粗纤维 | 无氮浸出物 | 粗灰分 |
|---|---|---|---|---|---|---|
| Hall golden nugget corn | 14.59 | 9.70 | 4.63 | 1.98 | 67.20 | 1.9 |
| 黄玉米(原文:Yellow dent corn) | 16.24 | 8.15 | 4.62 | 2.25 | 66.88 | 1.86 |
| Long fellow | 15.72 | 9.73 | 4.50 | 1.80 | 66.34 | 1.92 |
| North Fastern | 13.85 | 9.49 | 4.09 | 2.59 | 70.60 | 2.01 |
| 白玉米(原文:White dent corn) | 14.52 | 8.26 | 4.42 | 2.46 | 68.70 | 1.62 |

摘自:《农艺化学全书第 12 册饲料学上卷》(1948)P581。

**3. 各种玉米的成分**

表 2-7-3 各种玉米的成分(%)

| 品种 | 水分 | 粗蛋白质 | 粗脂肪 | 无氮浸出物 | 粗纤维 | 粗灰分 |
|---|---|---|---|---|---|---|
| 普通种的平均值 | 13.0 | 9.9 | 4.4 | 69.2 | 2.2 | 1.3 |
| 美国品种 | 13.0 | 10.0 | 5.0 | 68.3 | 2.2 | 1.5 |
| 马牙玉米 | 13.0 | 10.2 | 4.8 | 68.9 | 1.7 | 1.4 |
| 甜玉米 | 13.0 | 11.5 | 7.8 | 63.0 | 2.9 | 1.8 |

摘自:《农艺化学全书第 12 册饲料学上卷》(1948)P581。

### 4. 各种玉米的可消化养分及淀粉价

表 2-7-4 各种玉米的可消化养分及淀粉价(%)

| 品种 | 可消化粗蛋白质 | 可消化粗脂肪 | 可消化无氮浸出物 | 可消化粗灰分 | 可消化纯蛋白 | 淀粉价 | 有效率 |
|---|---|---|---|---|---|---|---|
| 普通种的平均 | 7.1 | 3.9 | 65.7 | 1.3 | 6.6 | 81.5 | 100 |
| 美国种 | 7.2 | 4.5 | 64.9 | 0.9 | 6.7 | 81.6 | 100 |
| 马牙玉米 | 7.3 | 4.3 | 65.5 | 0.8 | 6.8 | 81.6 | 100 |
| 甜玉米 | 8.5 | 7.0 | 59.7 | 1.0 | 7.9 | 82.9 | 100 |

摘自:《农艺化学全书第 12 册饲料学上卷》(1948)P581-582。

### 5. 玉米中无机物的含量(铃木幸三)

表 2-7-5 玉米中无机物的含量(其中纯灰分含量为 1.45%,下表为粗灰分中各组分所占粗灰分的百分比)

| 化学组成 | 加里(钾的氧化物或钾盐) | 曹达(苏打) | 石灰(氧化钙或氢氧化钙) | 苦土(氧化镁) | 酸化铁(氧化铁) | 燐酸(磷酸,五氧化二磷) | 硫酸(硫代硫酸) | 硅酸(二氧化硅) | 鹽素(氯) |
|---|---|---|---|---|---|---|---|---|---|
| 所占粗灰分含量,% | 29.78 | 1.10 | 2.17 | 15.52 | 0.76 | 45.61 | 0.78 | 2.09 | 0.91 |

注:括号外为日文原文,括号内为中文直译或推测的解释。因粗灰分主要由无机盐和氧化物组成,编者推测该表中成分可能是氧化物或盐类;另因语言障碍及检测方法不清,无法保证其准确性。表 2-7-6、表 2-7-7 同此备注。

摘自:《农艺化学全书第 12 册饲料学上卷》(1948)P585。

### 6. 玉米中无机物含量(宫本三七郎)

表 2-7-6 玉米中无机物含量(%)

| 全部粗灰分 | 加里(钾的氧化物或钾盐) | 曹达(苏打) | 鹽素(氯) | 硫酸(硫代硫酸) | 石灰(氧化钙或氢氧化钙) | 苦土(氧化镁) | 燐酸(磷酸,五氧化二磷) | 硅酸(二氧化硅) |
|---|---|---|---|---|---|---|---|---|
| 1.30 | 0.39 | 0.01 | 0.02 | 0.11 | 0.03 | 0.20 | 0.60 | 0.03 |

摘自:《农艺化学全书第 12 册饲料学上卷》(1948)P585。

## 7. 玉米中无机物含量

表 2-7-7　玉米中无机物含量(%)

| 加里(钾的氧化物或钾盐) | 曹达(苏打) | 石灰(氧化钙或氢氧化钙) | 苦土(氧化镁) | 酸化铁(氧化铁) | 硫酸(硫代硫酸) | 燐酸(磷酸,五氧化二磷) | 硅酸 | 盬素(氯) |
|---|---|---|---|---|---|---|---|---|
| 0.40 | 0.04 | 0.02 | 0.18 | 0.011 | 0.38 | 0.69 | 0.03 | 0.065 |

摘自:《农艺化学全书第 12 册饲料学上卷》(1948)P585。

## 8. 玉米在羊上的营养物质消化率

表 2-7-8　玉米在羊上的营养物质消化率(%)

| 营养成分 | 消化率平均值 | 消化率范围 |
|---|---|---|
| 有机物 | 90 | 83～94 |
| 粗蛋白质 | 72 | 58～99 |
| 粗脂肪 | 89 | 81～99 |
| 无氮浸出物 | 95 | 87～100 |
| 粗纤维 | 58 | 46～100 |

摘自:《农艺化学全书第 12 册饲料学上卷》(1948)P586。

## 9. 玉米在马上的营养物质消化率

表 2-7-9　玉米在马上的营养物质消化率(%)

| 营养成分 | 消化率平均值 | 消化率范围 |
|---|---|---|
| 有机物 | 89 | 86～91 |
| 粗蛋白质 | 76 | 75～78 |
| 粗脂肪 | 61 | 59～63 |
| 无氮浸出物 | 93 | 90～94 |
| 粗纤维 | 40 | 40～100 |

摘自:《农艺化学全书第 12 册饲料学上卷》(1948)P586。

10. 玉米营养成分、可消化养分及淀粉价

表 2-7-10 玉米营养成分、可消化养分及淀粉价(%)

| 项目 | 水分 | 粗蛋白质 | 粗脂肪 | 无氮浸出物 | 粗纤维 | 粗灰分 | 营养率 | 淀粉价 | 有效率 |
|---|---|---|---|---|---|---|---|---|---|
| 组成 | 13.0 | 9.9 | 4.4 | 69.2 | 2.2 | 1.3 | 1:9 | 77.6 | 100 |
| 可消化养分 | — | 7.6 | 2.7 | 63.7 | 0.8 | — | | | |

摘自:《农艺化学全书第12册饲料学上卷》(1948)P586。

## 2.7.2 农林水产省农林水产技术会议事务局.1987.日本标准饲料成分表[26]

### 1. 常规成分与营养价值(牛、猪、鸡)

表 2-7-11 常规成分与营养价值(牛)(括号内数字为标准差*)

| 国际饲料编号 | 饲料名称 | 组成(饲喂基础) | | | | | | | 消化率 | | | | 营养价 | | | | | | |
|---|---|---|---|---|---|---|---|---|---|---|---|---|---|---|---|---|---|---|---|
| | | 水分(%) | 粗蛋白质(%) | 粗脂肪(%) | 无氮浸出物(%) | 粗纤维(%) | 酸性洗涤纤维ADF(%) | 粗灰分(%) | 粗蛋白质(%) | 粗脂肪(%) | 无氮浸出物(%) | 粗纤维(%) | 饲喂基础 | | | | 干物质基础 | | |
| | | | | | | | | | | | | | 干物质DM(%) | 可消化粗蛋白质DCP(%) | 总可消化养分TDN(%) | 消化能DE(Mcal/kg) | 可消化粗蛋白质DCP(%) | 总可消化养分TDN(%) | 消化能DE(Mcal/kg) |
| 4-02-935 | 玉米 | 13.5(1.2) | 8.8(0.5) | 3.9(0.4) | 70.7(0.8) | 1.9(0.3) | 3.3 | 1.2(0.2) | 78 | 88 | 91 | 50 | 86.5 | 6.9 | 79.9 | 3.52 | 7.9 | 92.3 | 4.07 |

注:*原文为"标准偏差",但根据《日本标准饲料成分表》(1995)备注的标准偏差为Standard deviation,统一翻译为标准差。下同。
摘自:《日本标准饲料成分表》(1987)P60-61。

表 2-7-12 常规成分与营养价值(猪)(括号内数字为标准差)

| 国际饲料编号 | 饲料名称 | 组成(饲喂基础) | | | | | | | 消化率 | | | | 营养价 | | | | | | |
|---|---|---|---|---|---|---|---|---|---|---|---|---|---|---|---|---|---|---|---|
| | | 水分(%) | 粗蛋白质(%) | 粗脂肪(%) | 无氮浸出物(%) | 粗纤维(%) | 酸性洗涤纤维ADF(%) | 粗灰分(%) | 粗蛋白质(%) | 粗脂肪(%) | 无氮浸出物(%) | 粗纤维(%) | 饲喂基础 | | | | 干物质基础 | | |
| | | | | | | | | | | | | | 干物质DM(%) | 可消化粗蛋白质DCP(%) | 总可消化养分TDN(%) | 消化能DE(Mcal/kg) | 可消化粗蛋白质DCP(%) | 总可消化养分TDN(%) | 消化能DE(Mcal/kg) |
| 4-02-935 | 玉米 | 13.5(1.2) | 8.8(0.5) | 3.9(0.4) | 70.7(0.8) | 1.9(0.3) | 3.3 | 1.2(0.2) | 76 | 84 | 93 | 45 | 86.5 | 6.7 | 80.7 | 3.56 | 7.7 | 93.2 | 4.11 |

摘自:《日本标准饲料成分表》(1987)P84-85。

表 2-7-13　常规成分与营养价值(鸡)(括号内数字为标准差)

| 国际饲料编号 | 饲料名称 | 组成(饲喂基础) | | | | | | | 消化率 | | | | 代谢率(%) | 营养价 | | | | |
|---|---|---|---|---|---|---|---|---|---|---|---|---|---|---|---|---|---|---|
| | | 水分(%) | 粗蛋白质(%) | 粗脂肪(%) | 无氮浸出物(%) | 粗纤维(%) | 酸性洗涤纤维ADF(%) | 粗灰分(%) | 粗蛋白质(%) | 粗脂肪(%) | 无氮浸出物(%) | 粗纤维(%) | | 饲喂基础 | 干物质基础 | | | |
| | | | | | | | | | | | | | | 干物质DM(%) | 总能GE(Mcal/kg) | 代谢能ME(Mcal/kg) | 总能GE(Mcal/kg) | 代谢能ME(Mcal/kg) |
| 4-02-935 | 玉米 | 13.5(1.2) | 8.8(0.5) | 3.9(0.4) | 70.7(0.8) | 1.9(0.3) | 3.3 | 1.2(0.2) | 85 | 94 | 88 | 0 | 83.8 | 86.5 | 3.90 | 3.27 | 4.51 | 3.78 |

摘自:《日本标准饲料成分表》(1987)P108-109。

表 2-7-14　鸡用饲料营养价值

| 饲料名称 | 饲喂基础 | | | | 干物质基础 | | |
|---|---|---|---|---|---|---|---|
| | 干物质 DM(%) | 可消化粗蛋白质 DCP(%) | 总可消化养分 TDN(%) | 代谢能 ME(Mcal/kg) | 可消化粗蛋白质 DCP(%) | 总可消化养分 TDN(%) | 代谢能 ME(Mcal/kg) |
| 玉米 | 86.5 | 7.5 | 77.9 | 3.27 | 8.6 | 90.1 | 3.78 |

摘自:《日本标准饲料成分表》(1987)P124。

## 2. 无机物含量

表 2-7-15　无机物含量(干物质基础)

| 饲料名称 | 干物质DM(%) | 钙Ca(%) | 磷P(%) | 镁Mg(%) | 钾K(%) | 钠Na(%) | 氯Cl(%) | 硫S(%) | 铁Fe(mg/kg) | 铜Cu(mg/kg) | 钴Co(mg/kg) | 锌Zn(mg/kg) | 锰Mn(mg/kg) | 氟F(mg/kg) | 钼Mo(mg/kg) | 碘I(mg/kg) | 硒Se(mg/kg) |
|---|---|---|---|---|---|---|---|---|---|---|---|---|---|---|---|---|---|
| 玉米 | 86.5 | 0.03 | 0.31 | 0.12 | 0.38 | 0.04 | — | — | 100 | 2.9 | — | 23 | 6 | — | — | 0.12 | 0.23 |

摘自:《日本标准饲料成分表》(1987)P142-143。

### 3. 氨基酸含量

表 2-7-16 氨基酸含量(%,上段数字为饲喂基础下百分含量,下段数字为该氨基酸占粗蛋白质百分比)

| 饲料名称 | 干物质 DM | 粗蛋白质 CP | 精氨酸 Arg | 甘氨酸 Gly | 组氨酸 His | 异亮氨酸 Ile | 亮氨酸 Leu | 赖氨酸 Lys | 蛋氨酸 Met | 胱氨酸 Cys | 苯丙氨酸 Phe | 酪氨酸 Tyr | 苏氨酸 Thr | 色氨酸 Trp | 缬氨酸 Val | 丝氨酸 Ser |
|---|---|---|---|---|---|---|---|---|---|---|---|---|---|---|---|---|
| 玉米 | 86.5 | 8.8 | 0.41 | 0.34 | 0.24 | 0.31 | 1.06 | 0.24 | 0.15 | 0.17 | 0.42 | 0.32 | 0.30 | 0.10 | 0.43 | 0.39 |
| | | | 4.61 | 3.82 | 2.70 | 3.48 | 12.02 | 2.70 | 1.69 | 1.91 | 4.72 | 3.60 | 3.37 | 1.12 | 4.83 | 4.38 |

摘自:《日本标准饲料成分表》(1987)P156-157。

### 4. 维生素含量

表 2-7-17 维生素含量(干物质基础)

| 饲料名称 | 干物质 (%) | 全胡萝卜素 (mg/kg) | 维生素 A (IU/kg) | 维生素 D (IU/kg) | 维生素 E (mg/kg) | 维生素 K (mg/kg) | 维生素 $B_1$ (mg/kg) | 维生素 $B_2$ (mg/kg) | 泛酸 (mg/kg) | 烟酸 (mg/kg) | 维生素 $B_6$ * (mg/kg) | 生物素 (mg/kg) | 叶酸 (mg/kg) | 胆碱 (mg/kg) | 维生素 $B_{12}$ (mg/kg) |
|---|---|---|---|---|---|---|---|---|---|---|---|---|---|---|---|
| 玉米 | 86.5 | 4.8 | — | — | 25.6 | — | 4.7 | 1.3 | 5.8 | 26.6 | 8.37 | 0.07 | 0.23 | 624 | — |

注:* 原文为"吡哆酸"。

摘自:《日本标准饲料成分表》(1987)P178-179。

### 5. 非植酸磷含量

表 2-7-18 非植酸磷含量(干物质基础,%)

| 饲料名称 | 总磷 | 总磷中非植酸磷含量 | 饲料中非植酸磷含量 |
|---|---|---|---|
| 玉米 | 0.31 | 34 | 0.11 |

摘自:《日本标准饲料成分表》(1987)P188。

### 6. 亚油酸含量

表 2-7-19 亚油酸含量(%)

| 饲料名称 | 粗脂肪 | 粗脂肪中亚油酸含量 | 饲料中亚油酸含量 |
|---|---|---|---|
| 玉米 | 3.9 | 48 | 1.87 |

摘自:《日本标准饲料成分表》(1987)P189。

### 7. 叶黄素含量

表 2-7-20　叶黄素含量(干物质基础)

| 饲料名称 | 叶黄素含量(mg/kg) |
|---|---|
| 玉米 | 19 |

摘自:《日本标准饲料成分表》(1987)P190。

## 2.7.3　农林水产省农林水产技术会议事务局.1995.日本标准饲料成分表[27]

### 1. 常规成分与消化率(牛、猪、鸡)

表 2-7-21　常规成分与消化率(牛、猪、鸡)(括号内为标准差,%)

| 饲料编号 | 饲料名称 | 组成(饲喂基础)Composition (as fed basis) | | | | | | | | 消化率 Digestibility | | | | | | | | | | | |
|---|---|---|---|---|---|---|---|---|---|---|---|---|---|---|---|---|---|---|---|---|---|
| | | | | | | | | | | 牛 Cattle | | | | 猪 Swine | | | | 鸡 Poultry | | | |
| | | 水分 Moisture | 粗蛋白质 CP | 粗脂肪 EE | 无氮浸出物 NFE | 粗纤维 CF | 酸性洗涤纤维 ADF | 中性洗涤纤维 NDF | 粗灰分 CA | 粗蛋白质 CP | 粗脂肪 EE | 无氮浸出物 NFE | 粗纤维 CF | 粗蛋白质 CP | 粗脂肪 EE | 无氮浸出物 NFE | 粗纤维 CF | 粗蛋白质 CP | 粗脂肪 EE | 无氮浸出物 NFE | 粗纤维 CF |
| 4-02-935 | 玉米 Corn | 13.5 (1.2) | 8.8 (0.5) | 3.9 (0.4) | 70.7 (0.8) | 1.9 (0.3) | 3.3 | 7.6 | 1.2 (0.2) | 78 | 88 | 91 | 50 | 76 | 84 | 93 | 45 | 85 | 94 | 88 | 0 |

摘自:《日本标准饲料成分表》(1995)P72-73。

### 2. 牛、猪、鸡饲料营养价值

表 2-7-22　牛、猪、鸡饲料营养价值(括号内为以 MJ/kg 为单位数值)

| 饲料编号 | 饲料名称 | 牛 Cattle | | | | | | | | 猪 Swine | | | | | | 鸡 Poultry | | | | |
|---|---|---|---|---|---|---|---|---|---|---|---|---|---|---|---|---|---|---|---|---|
| | | 饲喂基础 | | | | 干物质基础 | | | | 饲喂基础 | | | 干物质基础 | | | 饲喂基础 | | 干物质基础 | | |
| | | 可消化粗蛋白质 DCP (%) | 总可消化养分 TDN (%) | 消化能 DE (Mcal/kg) | 代谢能 ME (Mcal/kg) | 可消化粗蛋白质 DCP (%) | 总可消化养分 TDN (%) | 消化能 DE (Mcal/kg) | 代谢能 ME (Mcal/kg) | 可消化粗蛋白质 DCP (%) | 总可消化养分 TDN (%) | 消化能 DE (Mcal/kg) | 可消化粗蛋白质 DCP (%) | 总可消化养分 TDN (%) | 消化能 DE (Mcal/kg) | 总能 GE (Mcal/kg) | 代谢能 ME (Mcal/kg) | 总能 GE (Mcal/kg) | 代谢能 ME (Mcal/kg) | 代谢率 ME/GE (%) |
| 4-02-935 | 玉米 Corn | 6.9 | 79.9 | 3.52 (14.73) | 3.09 (12.92) | 7.9 | 92.3 | 4.07 (17.03) | 3.57 (14.93) | 6.7 | 80.7 | 3.56 (14.90) | 7.7 | 93.2 | 4.11 (17.20) | 3.90 (16.32) | 3.27 (13.68) | 4.51 (18.87) | 3.78 (15.82) | 83.8 |

摘自:《日本标准饲料成分表》(1995)P136-137。

### 3. 鸡用饲料营养价值

表 2-7-23 鸡用饲料营养价值(括号内为以 MJ/kg 为单位数值)

| 饲料名称 | 饲喂基础 | | | | 干物质基础 | | |
|---|---|---|---|---|---|---|---|
| | 干物质 DM (%) | 可消化粗蛋白质 DCP (%) | 总可消化养分 TDN (%) | 代谢能 ME (Mcal/kg) | 可消化粗蛋白质 DCP (%) | 总可消化养分 TDN (%) | 代谢能 ME (Mcal/kg) |
| 玉米 Corn | 86.5 | 7.5 | 77.9 | 3.27 (13.68) | 8.6 | 90.1 | 3.78 (15.82) |

摘自:《日本标准饲料成分表》(1995)P174。

### 4. 无机物(含硒)含量

表 2-7-24 无机物(含硒)含量(干物质基础)

| 饲料名称 | 干物质 DM (%) | 钙 Ca (%) | 磷 P (%) | 镁 Mg (%) | 钾 K (%) | 钠 Na (%) | 氯 Cl (%) | 硫 S (%) | 铁 Fe (mg/kg) | 铜 Cu (mg/kg) | 钴 Co (mg/kg) | 锌 Zn (mg/kg) | 锰 Mn (mg/kg) | 氟 F (mg/kg) | 钼 Mo (mg/kg) | 碘 I (mg/kg) | 硒 Se (mg/kg) |
|---|---|---|---|---|---|---|---|---|---|---|---|---|---|---|---|---|---|
| 玉米 Corn | 86.5 | 0.03 | 0.31 | 0.12 | 0.38 | 0.04 | | | 100 | 2.9 | | 23 | 6 | | | 0.12 | 0.14 |

摘自:《日本标准饲料成分表》(1995)P194-195、209。

### 5. 氨基酸含量

表 2-7-25 氨基酸含量(%,上段数字为饲喂基础下百分含量,下段数字为该氨基酸占粗蛋白质百分比)

| 饲料名称 | 干物质 DM | 粗蛋白质 CP | 精氨酸 Arg | 甘氨酸 Gly | 组氨酸 His | 异亮氨酸 Ile | 亮氨酸 Leu | 赖氨酸 Lys | 蛋氨酸 Met | 胱氨酸 Cys | 苯丙氨酸 Phe | 酪氨酸 Tyr | 苏氨酸 Thr | 色氨酸 Trp | 缬氨酸 Val | 丝氨酸 Ser |
|---|---|---|---|---|---|---|---|---|---|---|---|---|---|---|---|---|
| 玉米 Corn | 86.5 | 8.8 | 0.41 | 0.34 | 0.24 | 0.31 | 1.06 | 0.24 | 0.15 | 0.17 | 0.42 | 0.32 | 0.30 | 0.10 | 0.43 | 0.39 |
| | | | 4.61 | 3.82 | 2.70 | 3.48 | 12.02 | 2.70 | 1.69 | 1.91 | 4.72 | 3.60 | 3.37 | 1.12 | 4.83 | 4.38 |

摘自:《日本标准饲料成分表》(1995)P212-213。

### 6. 鸡饲料氨基酸真消化率

表 2-7-26 鸡饲料氨基酸真消化率(TME 法测定,%)

| 饲料名称 | 精氨酸 Arg | 甘氨酸 Gly | 组氨酸 His | 异亮氨酸 Ile | 亮氨酸 Leu | 赖氨酸 Lys | 蛋氨酸 Met | 胱氨酸 Cys | 苯丙氨酸 Phe | 酪氨酸 Tyr | 苏氨酸 Thr | 色氨酸 Trp | 缬氨酸 Val | 丝氨酸 Ser | 丙氨酸 Ala | 天冬氨酸 Asp | 谷氨酸 Glu | 脯氨酸 Pro |
|---|---|---|---|---|---|---|---|---|---|---|---|---|---|---|---|---|---|---|
| 玉米 Corn | 91 | 90 | 93 | 88 | 95 | 85 | 94 | 88 | 93 | 92 | 85 | 85 | 88 | 90 | 92 | 88 | 94 | 91 |

摘自:《日本标准饲料成分表》(1995)P228-229。

## 7. 猪回肠末端真氨基酸消化率

表 2-7-27 猪回肠末端真氨基酸消化率(%)

| 饲料名称 | 精氨酸 Arg | 甘氨酸 Gly | 组氨酸 His | 异亮氨酸 Ile | 亮氨酸 Leu | 赖氨酸 Lys | 蛋氨酸 Met | 苯丙氨酸 Phe | 酪氨酸 Tyr | 苏氨酸 Thr | 缬氨酸 Val | 丝氨酸 Ser | 丙氨酸 Ala | 天冬氨酸 Asp | 谷氨酸 Glu |
|---|---|---|---|---|---|---|---|---|---|---|---|---|---|---|---|
| 玉米 Corn | 83 | 44 | 86 | 87 | 89 | 89 | 85 | 88 | 89 | 86 | 87 | 85 | 85 | 85 | 91 |

摘自:《日本标准饲料成分表》(1995)P230-231。

## 8. 维生素含量

表 2-7-28 维生素含量(干物质基础,mg/kg)

| 饲料名称 | 干物质 DM(%) | 总胡萝卜素 Total carotene | 维生素 E | 维生素 $B_1$ Thiamin | 维生素 $B_2$ Riboflavin | 泛酸 Pantothenic acid | 烟酸 Niacin | 维生素 $B_6$ Pyridoxine | 生物素 Biotin | 叶酸 Folic acid | 胆碱 Choline | 维生素 $B_{12}$ |
|---|---|---|---|---|---|---|---|---|---|---|---|---|
| 玉米 Corn | 86.5 | 5 | 9 | 4.7 | 1.3 | 5.8 | 26.6 | 8.37 | 0.07 | 0.23 | 600 | — |

摘自:《日本标准饲料成分表》(1995)P236-237。

## 9. 非植酸磷含量

表 2-7-29 非植酸磷含量(干物质基础,%)

| 饲料名称 | 总磷 | 总磷中非植酸磷含量 | 饲料中非植酸磷含量 |
|---|---|---|---|
| 玉米 Corn | 0.31 | 34 | 0.11 |

摘自:《日本标准饲料成分表》(1995)P248。

## 10. 亚油酸含量

表 2-7-30 亚油酸含量(%)

| 饲料名称 | 粗脂肪 | 粗脂肪中亚油酸含量 | 饲料中亚油酸含量 |
|---|---|---|---|
| 玉米 Corn | 3.9 | 48 | 1.87 |

摘自:《日本标准饲料成分表》(1995)P249。

### 11. 叶黄素含量

表 2-7-31 叶黄素含量(干物质基础,%)

| 饲料名称 | 叶黄素含量(mg/kg) |
|---|---|
| 玉米 Corn | 19 |

摘自:《日本标准饲料成分表》(1995)P250。

### 12. 非结构性碳水化合物(NCWFE)及其他纤维含量

表 2-7-32 NCWFE(Nitrogen Cell Wall Free Extracts,非结构性碳水化合物)及其他纤维含量(干物质基础,%)

| 饲料名称 | 非结构性碳水化合物 NCWFE | 中性洗涤纤维 NDF | 酸性洗涤纤维 ADF | 粗纤维 |
|---|---|---|---|---|
| 玉米 Corn | 74.3 | 8.6 | 3.8 | 2.2 |

摘自:《日本标准饲料成分表》(1995)P255。

## 2.7.4 农业・食品产业技术综合研究机构.2009.日本标准饲料成分表[28]

### 1. 牛饲料营养组成、消化率及营养价值

表 2-7-33 牛饲料营养组成、消化率及营养价值(上段数字为饲喂基础,下段为数字为干物质基础,括号内数字为标准差)

| 饲料编号 | 饲料名称 | 组成 Composition | | | | | | | | 牛 Cattle | | | | | | | | |
|---|---|---|---|---|---|---|---|---|---|---|---|---|---|---|---|---|---|---|
| | | | | | | | | | | 消化率 Digestibility | | | | 营养价值 Nutritive values | | | | |
| | | 水分(%) | CP(%) | EE(%) | NFE(%) | CF(%) | ADF(%) | NDF(%) | CA(%) | CP(%) | EE(%) | NFE(%) | CF(%) | TDN(%) | DE(Mcal/kg) | DE(MJ/kg) | ME(Mcal/kg) | ME(MJ/kg) |
| 5501 | 玉米 Corn | 14.5 | 7.6 | 3.8 | 71.3 | 1.7 | 3.1 | 10.7 | 1.2 | 73 | 87 | 93 | 50 | 80.0 | 3.53 | 14.76 | 3.10 | 12.96 |
| | | (0.7) | (0.3) | (0.4) | (0.9) | (0.2) | (0.8) | (3.0) | (0.1) | | | | | | | | | |
| | | | 8.8 | 4.4 | 83.4 | 2.0 | 3.6 | 12.5 | 1.4 | | | | | 93.6 | 4.13 | 17.27 | 3.62 | 15.16 |
| 5504 | 高油玉米 High-oil corn | 12.2 | 8.7 | 7.1 | 69.0 | 1.8 | — | — | 1.2 | 81 | 93 | 89 | 50 | 84.2 | 3.71 | 15.54 | 3.27 | 13.67 |
| | | | 9.9 | 8.1 | 78.6 | 2.1 | — | — | 1.4 | | | | | 95.9 | 4.23 | 17.70 | 3.72 | 15.57 |

注:CP=粗蛋白质,EE = 粗脂肪,NFE = 无氮浸出物,CF = 粗纤维,ADF = 酸性洗涤纤维,NDF = 中性洗涤纤维,CA = 粗灰分,TDN = 总可消化养分,DE = 消化能,ME = 代谢能,下同。

摘自:《日本标准饲料成分表》(2009)P80-81。

## 2. 猪、鸡饲料营养组成、消化率及营养价值

表 2-7-34 猪、鸡饲料营养组成、消化率及营养价值(上段数字为饲喂基础,下段为数字为干物质基础,括号内数字为标准差)

| 饲料编号 | 饲料名称 | 组成 Composition | | | | | | | | 总能 GE | |
|---|---|---|---|---|---|---|---|---|---|---|---|
| | | 水分(%) | CP(%) | EE(%) | NFE(%) | CF(%) | ADF(%) | NDF (%) | CA(%) | (Mcal/kg) | (MJ/kg) |
| 5501 | 玉米 Corn | 14.5 | 7.6 | 3.8 | 71.3 | 1.7 | 3.1 | 10.7 | 1.2 | 3.85 | 16.12 |
| | | (0.7) | (0.3) | (0.4) | (0.9) | (0.2) | (0.8) | (3.0) | (0.1) | (0.04) | |
| | | | 8.8 | 4.4 | 83.4 | 2.0 | 3.6 | 12.5 | 1.4 | 4.51 | 18.85 |
| 5502 | 玉米(膨化)Corn (Extruded) | 8.2 | 8.4 | 4.5 | 75.4 | 2.0 | — | — | 1.5 | — | — |
| | | (1.2) | (0.4) | (0.3) | (1.3) | (0.3) | | | (0.4) | | |
| | | | 9.2 | 4.9 | 82.0 | 2.2 | — | — | 1.6 | — | — |
| 5503 | 中高油玉米 Medium-high-oil corn | 12.2 | 7.9 | 5.8 | 70.8 | 2.1 | — | — | 1.3 | 4.08 | 17.06 |
| | | (1.2) | (0.4) | (0.4) | (1.1) | (0.2) | | | (0.1) | (0.06) | |
| | | | 9.0 | 6.6 | 80.5 | 2.4 | — | — | 1.4 | 4.64 | 19.42 |
| 5504 | 高油玉米 High-oil corn | 12.2 | 8.7 | 7.1 | 69.0 | 1.8 | — | — | 1.2 | 4.14 | 17.32 |
| | | | 9.9 | 8.1 | 78.6 | 2.1 | — | — | 1.4 | 4.72 | 19.73 |

| 饲料编号 | 饲料名称 | 猪 Swine | | | | | | | 鸡 Chickens | | | | | | | |
|---|---|---|---|---|---|---|---|---|---|---|---|---|---|---|---|---|
| | | 消化率 Digestibility | | | | 营养价值 Nutritive values | | | 消化率 Digestibility | | | | 代谢率* | 营养价值 Nutritive values | | |
| | | CP (%) | EE (%) | NFE (%) | CF (%) | TDN (%) | DE (Mcal/kg) | DE (MJ/kg) | CP (%) | EE (%) | NFE (%) | CF (%) | ME/GE (%) | TDN (%) | ME (Mcal/kg) | ME (MJ/kg) |
| 5501 | 玉米 Corn | 79 | 84 | 94 | 45 | 80.8 | 3.56 | 14.91 | 85 | 94 | 89 | 0 | 85.0 | 77.8 | 3.28 | 13.71 |
| | | | | | | 94.5 | 4.17 | 17.44 | | | | | | 91.0 | 3.83 | 16.03 |
| 5502 | 玉米(膨化)Corn (Extruded) | 87 | 94 | 95 | 68 | 89.9 | 3.97 | 16.59 | — | — | — | — | — | — | — | — |
| | | | | | | 97.9 | 4.32 | 18.06 | | | | | | — | — | — |
| 5503 | 中高油玉米 Medium-high-oil corn | 84 | 84 | 95 | 48 | 85.9 | 3.79 | 15.84 | — | — | — | — | 84.5 | — | 3.45 | 14.41 |
| | | | | | | 97.7 | 4.31 | 18.03 | | | | | | — | 3.92 | 16.41 |
| 5504 | 高油玉米 High-oil corn | 79 | 78 | 97 | 65 | 87.4 | 3.86 | 16.13 | — | — | — | — | 84.3 | — | 3.49 | 14.60 |
| | | | | | | 99.6 | 4.39 | 18.37 | | | | | | — | 3.97 | 16.63 |

注:* 代谢率(ME/GE)为代谢能占总能比率。

摘自:《日本标准饲料成分表》(2009)P106-107。

### 3. 无机物(含硒)含量

表 2-7-35 无机物(含硒)含量(干物质基础,括号内数字为标准差)

| 饲料编号 | 饲料名称 | 干物质 DM (%) | 钙 Ca (%) | 磷 P (%) | 镁 Mg (%) | 钾 K (%) | 钠 Na (%) | 氯 Cl (%) | 硫 S (%) | 铁 Fe (mg/kg) | 铜 Cu (mg/kg) | 钴 Co (mg/kg) | 锌 Zn (mg/kg) | 锰 Mn (mg/kg) | 氟 F (mg/kg) | 钼 Mo (mg/kg) | 碘 I (mg/kg) | 硒 Se (mg/kg) |
|---|---|---|---|---|---|---|---|---|---|---|---|---|---|---|---|---|---|---|
| 5501 | 玉米 Corn | 85.5 | 0.03 (0.04) | 0.30 (0.04) | 0.11 (0.02) | 0.38 (0.06) | 0.01 (0.02) | — | — | 49 (41) | 2.9 | — | 21 (5) | 6(2) | — | — | 0.12 | 0.12 (0.07) |

注:硒的样本数为 14,最小值 0.03,最大值 0.24。

摘自:《日本标准饲料成分表》(2009)P148-149,228。

### 4. 氨基酸含量

表 2-7-36 氨基酸含量(%,上段数字为饲喂基础下百分含量,下段数字为该氨基酸占粗蛋白质百分比)

| 饲料编号 | 饲料名称 | 干物质 DM | 粗蛋白质 CP | 精氨酸 Arg | 甘氨酸 Gly | 组氨酸 His | 异亮氨酸 Ile | 亮氨酸 Leu | 赖氨酸 Lys | 蛋氨酸 Met | 胱氨酸 Cys | 苯丙氨酸 Phe | 酪氨酸 Tyr | 苏氨酸 Thr | 色氨酸 Trp | 缬氨酸 Val | 丝氨酸 Ser | 脯氨酸 Pro | 丙氨酸 Ala | 天冬氨酸 Asp | 谷氨酸 Glu |
|---|---|---|---|---|---|---|---|---|---|---|---|---|---|---|---|---|---|---|---|---|---|
| 5501 | 玉米 Corn | 85.5 | 8.8 | 0.43 | 0.35 | 0.25 | 0.27 | 1.09 | 0.29 | 0.17 | 0.20 | 0.45 | 0.27 | 0.33 | 0.07 | 0.42 | 0.43 | 0.75 | 0.65 | 0.58 | 1.55 |
| | | | | 4.83 | 3.93 | 2.81 | 3.09 | 12.34 | 3.24 | 1.93 | 2.24 | 5.14 | 3.08 | 3.69 | 0.81 | 4.75 | 4.81 | 8.49 | 7.32 | 6.57 | 17.52 |
| 5504 | 高油玉米 High-oil corn | 87.8 | 9.9 | 0.46 | 0.39 | 0.28 | 0.33 | 1.18 | 0.30 | 0.22 | 0.23 | 0.46 | — | 0.35 | 0.08 | 0.46 | 0.47 | 0.87 | 0.73 | 0.66 | 1.77 |
| | | | | 4.66 | 3.93 | 2.78 | 3.32 | 11.90 | 3.00 | 2.23 | 2.33 | 4.60 | — | 3.56 | 0.82 | 4.69 | 4.79 | 8.79 | 7.32 | 6.65 | 17.89 |

摘自:《日本标准饲料成分表》(2009)P164-165。

### 5. 维生素含量

表 2-7-37 维生素含量(干物质基础)

| 饲料编号 | 饲料名称 | 干物质 DM (%) | 总胡萝卜素 Total carotene (mg/kg) | 维生素 A (IU/kg) | 维生素 D (IU/kg) | 维生素 E (mg/kg) | 维生素 K (mg/kg) | 维生素 $B_1$ Thiamin (mg/kg) | 维生素 $B_2$ Riboflavin (mg/kg) | 泛酸 Pantothenic acid (mg/kg) | 烟酸 Niacin (mg/kg) | 维生素 $B_6$ Pyridoxine (mg/kg) | 生物素 Biotin (mg/kg) | 叶酸 Folic acid (mg/kg) | 胆碱 Choline (mg/kg) | 维生素 $B_{12}$ (mg/kg) |
|---|---|---|---|---|---|---|---|---|---|---|---|---|---|---|---|---|
| 5501 | 玉米 Corn | 85.5 | 5 | — | — | 26 | — | 4.7 | 1.3 | 5.8 | 27 | 8.4 | 0.07 | 0.23 | 600 | — |

摘自:《日本标准饲料成分表》(2009)P184-185。

附:压片玉米和片状玉米(フレーク)的β胡萝卜素平均含量及范围分别为 5 (1.4～13.2)和 0.5 (0.4～0.6)。见《日本标准饲料成分表》(2009)P241。

## 6. 饲料粗蛋白质瘤胃降解参数

表 2-7-38　饲料粗蛋白质瘤胃降解参数

| 饲料编号 | 饲料名称 | 分解 | | | 分解性粗蛋白质 CPd(CP 中%) | 非分解性粗蛋白质 CPu(CP 中%) |
|---|---|---|---|---|---|---|
| | | a(CP 中%) | b(CP 中%) | kd(%/h)* | | |
| 5500 | 玉米 | 17 | 77 | 5 | 60 | 40 |
| 5501 | 玉米(干) | 19 | 76 | 5 | 62 | 38 |
| 5505 | 玉米(挽割、粉碎) | 21 | 75 | 5 | 65 | 35 |
| 5506 | 玉米(蒸汽压片,原文:蒸汽压ペン) | 7 | 81 | 3 | 46 | 54 |

注:a 为可溶解组分,b 为潜在降解组分,kd 为潜在降解组分 b 的降解速度。* 原文为“kd(%/时间)”,编者推测应为“kd(%/h),h 为小时”。

摘自:《日本标准饲料成分表》(2009)P212。

## 7. 非结构性碳水化合物(NCWFE)及其他纤维含量

表 2-7-39　NCWFE(Nitrogen Cell Wall Free Extracts,非结构性碳水化合物)及其他纤维含量(干物质基础,%)

| 饲料编号 | 饲料名称 | 非结构性碳水化合物 NCWFE | 中性洗涤纤维 NDF | 酸性洗涤纤维 ADF | 粗纤维 |
|---|---|---|---|---|---|
| 5501 | 玉米 | 74.3 | 8.6 | 3.8 | 2.2 |

摘自:《日本标准饲料成分表》(2009)P218。

## 8. 酵素法划分纤维及中性纤维、酸性洗涤纤维含量

表 2-7-40　酵素法划分纤维及中性纤维、酸性洗涤纤维含量(干物质基础,括号内为标准差,%)

| 饲料编号 | 饲料名称 | OCW | Oa | Ob | NDF | ADF |
|---|---|---|---|---|---|---|
| 5501 | 玉米 | 11.5 (1.6) | 2.0 | 9.5 (2.0) | 9.7 (1.3) | 2.9 (0.4) |

注:OCW 为 Organic Cell Wall,总纤维,细胞壁物质;Oa 为 High digestible fiber,Organic a fraction,高消化性纤维;Ob 为 Low digestible fiber,Organic b fraction,低消化性纤维;OCW = Oa + Ob;NDF(中性洗涤纤维)和 ADF(酸性洗涤纤维)为实测值。

摘自:《日本标准饲料成分表》(2009)P224。

## 9. 非植酸磷含量

表 2-7-41 非植酸磷含量(干物质基础,%)

| 饲料编号 | 饲料名称 | 总磷 | 总磷中非植酸磷含量 | 饲料中非植酸磷含量 |
|---|---|---|---|---|
| 5501 | 玉米 | 0.30 | 34 | 0.10 |

摘自:《日本标准饲料成分表》(2009)P232。

## 10. 猪回肠末端真氨基酸消化率

表 2-7-42 猪回肠末端真氨基酸消化率(%)

| 饲料编号 | 饲料名称 | 精氨酸 Arg | 甘氨酸 Gly | 组氨酸 His | 异亮氨酸 Ile | 亮氨酸 Leu | 赖氨酸 Lys | 蛋氨酸 Met | 蛋氨酸+胱氨酸 Met+Cys | 苯丙氨酸 Phe | 酪氨酸 Tyr | 苏氨酸 Thr | 色氨酸 Trp | 缬氨酸 Val | 丝氨酸 Ser | 丙氨酸 Ala | 天冬氨酸 Asp | 谷氨酸 Glu |
|---|---|---|---|---|---|---|---|---|---|---|---|---|---|---|---|---|---|---|
| 5501 | 玉米 | 88 | 44 | 86 | 86 | 89 | 76 | 87 | 84 | 88 | 89 | 80 | 76 | 86 | 85 | 85 | 85 | 91 |

摘自:《日本标准饲料成分表》(2009)P234-235。

## 11. 鸡饲料氨基酸真消化率

表 2-7-43 鸡饲料氨基酸真消化率(TME 法测定,%)

| 饲料编号 | 饲料名称 | 精氨酸 Arg | 甘氨酸 Gly | 组氨酸 His | 异亮氨酸 Ile | 亮氨酸 Leu | 赖氨酸 Lys | 蛋氨酸 Met | 胱氨酸 Cys | 苯丙氨酸 Phe | 酪氨酸 Tyr | 苏氨酸 Thr | 色氨酸 Trp | 缬氨酸 Val | 丝氨酸 Ser | 脯氨酸 Pro | 丙氨酸 Ala | 天冬氨酸 Asp | 谷氨酸 Glu |
|---|---|---|---|---|---|---|---|---|---|---|---|---|---|---|---|---|---|---|---|
| 5501 | 玉米 | 91 | 90 | 93 | 88 | 95 | 85 | 94 | 88 | 93 | 92 | 85 | 85 | 88 | 90 | 91 | 92 | 88 | 94 |

摘自:《日本标准饲料成分表》(2009)P236-237。

## 12. 亚油酸含量

表 2-7-44 亚油酸含量(干物质基础,%)

| 饲料编号 | 饲料名称 | 饲料中亚油酸含量 |
|---|---|---|
| 5501 | 玉米 | 2.16 |

摘自:《日本标准饲料成分表》(2009)P244。

## 13. 叶黄素含量

表 2-7-45 叶黄素含量(干物质基础,%)

| 饲料编号 | 饲料名称 | 叶黄素含量(mg/kg) |
|---|---|---|
| 5501 | 玉米 | 19 |

摘自:《日本标准饲料成分表》(2009)P246。

## 2.8 韩国资料

### 2.8.1 IN K. Han, et al. 1982. Korean Tables of Feed Composition(韩国饲料成分表)[29]

#### 1. 常规成分及有效能值

表 2-8-1 常规成分及有效能值

| 名称及描述 | 国际饲料编号 IFN | 常规成分 Proximate Composition | | | | | | 可消化粗蛋白质 Digestible Protein | | | | 牛有效能值 Energy for Cattle | | | | | | 山羊有效能值 Energy for Goats | | | 绵羊有效能值 Energy for Sheep | | | 猪有效能值 Energy for Swine | | | 鸡有效能值 Energy for Poultry | | |
|---|---|---|---|---|---|---|---|---|---|---|---|---|---|---|---|---|---|---|---|---|---|---|---|---|---|---|---|---|---|
| | | 干物质 DM | 粗脂肪 EE | 无氮浸出物 NFE | 粗纤维 CF | 粗灰分 Ash | 粗蛋白质 CP | 牛 Cattle | 山羊 Goat | 绵羊 Sheep | 猪 Swine | 消化能 DE | 代谢能 ME | 维持净能 NEm | 增重净能 NEg | 产奶净能 NE1 | 总可消化养分 TDN | 消化能 DE | 代谢能 ME | 总可消化养分 TDN | 消化能 DE | 代谢能 ME | 总可消化养分 TDN | 消化能 DE | 代谢能 ME | 总可消化养分 TDN | 氮校正代谢能 MEn | 生产净能 NEp | 真代谢能 TME |
| | | % | % | % | % | % | % | % | % | % | % | Mcal/kg | | | | | % | Mcal/kg | | % | Mcal/kg | | % | kcal/kg | | % | kcal/kg | | |
| 白玉米 Maize, dent white, grain | 4-02-928 | 86. | 3.9 | 69.8 | 2.6 | 1.4 | 8.5 | 4.4* | 5.4* | 5.4* | — | 3.09* | 2.73* | 1.64* | 1.15* | 1.61* | 70.* | 3.38# | 3.03# | 77.# | 3.38* | 3.03* | 77.* | 3233* | 3039* | 73.* | — | — | — |
| | | 100. | 4.5 | 80.9 | 3.1 | 1.7 | 9.9 | 5.1* | 6.3* | 6.3* | — | 3.59* | 3.17* | 1.98* | 1.33* | 1.87* | 81.* | 3.93# | 3.52# | 89.# | 3.93* | 3.52* | 89.* | 3750* | 3525* | 85.* | — | — | — |
| 黄玉米 Maize, dent yellow, grain | 4-02-935 | 86. | 3.9 | 69.8 | 2.2 | 1.4 | 8.7 | 4.5* | 5.6* | 5.3 | 7.8 | 3.09* | 2.74* | 1.64* | 1.15* | 1.62* | 70.* | 3.36# | 3.01# | 76.# | 3.36* | 3.01* | 76. | 3720* | 3496* | 84. | 3414. | 2395+ | 3560+ |
| | | 100. | 4.5 | 81.2 | 2.5 | 1.6 | 10.1 | 5.3* | 6.5* | 6.2 | 9.1 | 3.60* | 3.19* | 1.99* | 1.34* | 1.88* | 82.* | 3.91# | 3.50# | 89.# | 3.91* | 3.50* | 89. | 4330* | 4068* | 98. | 3973. | 2787+ | 4144+ |
| 粉碎黄玉米 Maize, dent yellow, grain ground | 4-26-023 | 86. | 4.1 | 64.0 | 2.7 | 6.8 | 8.6 | 4.5* | 5.5* | 5.5* | 7.2+ | 3.00* | 2.64* | 1.57* | 1.09* | 1.56* | 68.* | 3.17# | 2.81# | 72.# | 3.17* | 2.81* | 72.* | 3059* | 2875* | 69.* | 3307+ | — | — |
| | | 100. | 4.8 | 74.3 | 3.1 | 7.9 | 10.0 | 5.2* | 6.4* | 6.4* | 8.3+ | 3.48* | 3.06* | 1.91* | 1.27* | 1.81* | 79.* | 3.68# | 3.26# | 83.# | 3.68* | 3.26* | 83.* | 3550* | 3337* | 81.* | 3839+ | — | — |
| 甜玉米 Maize, sweet, grain | 4-02-977 | 91. | 5.6 | 70.3 | 2.6 | 1.5 | 10.8 | 6.3* | 7.4* | 7.4* | — | 3.29* | 2.92* | 1.78* | 1.23* | 1.72* | 75.* | 3.58# | 3.20# | 81.# | 3.58* | 3.20* | 81.* | 3422* | 3203* | 78.* | — | — | — |
| | | 100. | 6.2 | 77.4 | 2.9 | 1.7 | 11.9 | 6.9* | 8.1* | 8.1* | — | 3.63* | 3.21* | 2.01* | 1.36* | 1.90* | 82.* | 3.94# | 3.53# | 89.# | 3.94* | 3.53* | 89.* | 3768* | 3527* | 85.* | — | — | — |
| 玉米 Maize, grain | 4-02-879 | 87. | 3.7 | 70.5 | 2.5 | 1.4 | 8.6 | 4.5* | 5.5* | 5.5* | 6.1+ | 3.11* | 2.75* | 1.65* | 1.15* | 1.62* | 70.* | 3.41# | 3.06# | 77.# | 3.41* | 3.06* | 77.* | 3261* | 3065* | 74.* | — | — | — |
| | | 100. | 4.3 | 81.3 | 2.9 | 1.6 | 10.0 | 5.2* | 6.4* | 6.4* | 7.0+ | 3.58* | 3.17* | 1.98* | 1.33* | 1.87* | 81.* | 3.93# | 3.52# | 89.# | 3.93* | 3.52* | 89.* | 3759* | 3533* | 85.* | — | — | — |

续表 2-8-1

| 名称及描述 | 国际饲料编号 IFN | 常规成分 Proximate Composition | | | | | | 可消化粗蛋白质 Digestible Protein | | | | 牛有效能值 Energy for Cattle | | | | | | 山羊有效能值 Energy for Goats | | | 绵羊有效能值 Energy for Sheep | | | 猪有效能值 Energy for Swine | | | 鸡有效能值 Energy for Poultry | | |
|---|---|---|---|---|---|---|---|---|---|---|---|---|---|---|---|---|---|---|---|---|---|---|---|---|---|---|---|---|---|
| | | 干物质 DM | 粗脂肪 EE | 无氮浸出物 NFE | 粗纤维 CF | 粗灰分 Ash | 粗蛋白质 CP | 牛 Cattle | 山羊 Goat | 绵羊 Sheep | 猪 Swine | 消化能 DE | 代谢能 ME | 维持净能 $NE_m$ | 增重净能 $NE_g$ | 产奶净能 $NE_l$ | 总可消化养分 TDN | 消化能 DE | 代谢能 ME | 总可消化养分 TDN | 消化能 DE | 代谢能 ME | 总可消化养分 TDN | 消化能 DE | 代谢能 ME | 总可消化养分 TDN | 氮校正代谢能 $ME_n$ | 生产净能 $NE_p$ | 真代谢能 TME |
| | | % | % | % | % | % | % | % | % | % | % | Mcal/kg | | | | | % | Mcal/kg | | % | Mcal/kg | | % | kcal/kg | | % | kcal/kg | | |
| 磨碎玉米 Maize, grain, ground | 4-02-861 | 85. | 3.7 | 68.6 | 2.9 | 1.8 | 8.5 | 4.4* | 5.4* | 5.4* | — | 3.05* | 2.69* | 1.61* | 1.13* | 1.59* | 69.* | 3.32# | 2.97# | 75.# | 3.32* | 2.97* | 75.* | 3192.* | 3001.* | 72.* | 3171.+ | 2397.+ | — |
| | | 100. | 4.3 | 80.2 | 3.4 | 2.2 | 9.9 | 5.1* | 6.3* | 6.3* | — | 3.56* | 3.15* | 1.96* | 1.32* | 1.86* | 81.* | 3.8#9 | 3.48# | 88.# | 3.89* | 3.48* | 88.* | 3736.* | 3512.* | 85.* | 3711.+ | 2805.+ | — |
| 粉碎玉米 Maize, grain, cracked | 4-02-854 | 88. | 3.3 | 71.9 | 2.0 | 1.4 | 9.0 | 4.8* | 5.8* | 5.8* | — | 3.14* | 2.77 | 1.67* | 1.16* | 1.64* | 71.* | 3.46# | 3.10# | 78.# | 3.46* | 3.10* | 78.* | 3305.* | 3104.* | 75.* | — | — | — |
| | | 100. | 3.8 | 82.1 | 2.3 | 1.6 | 10.3 | 5.5* | 6.7* | 6.7* | — | 3.58 | 3.16 | 1.98* | 1.33* | 1.87* | 81.* | 3.95# | 3.54# | 90.# | 3.95* | 3.54* | 90.* | 3773.* | 3544.* | 86.* | — | — | — |
| 韩国白玉米 Maize, korean white, grain | 4-06-660 | 86. | 3.3 | 69.5 | 2.7 | 1.9 | 9.0 | 4.8* | 5.9* | 5.9* | 7.4 | 3.06 | 2.70 | 1.61* | 1.13* | 1.60* | 69.* | 3.36# | 3.00# | 76.# | 3.36* | 3.00* | 76.* | 3353.* | 3148.* | 59. | — | — | — |
| | | 100. | 3.8 | 80.5 | 3.1 | 2.2 | 10.4 | 5.6* | 6.8* | 6.8* | 8.6 | 3.55 | 3.13 | 1.96* | 1.31* | 1.85* | 80.* | 3.89# | 3.48# | 88.# | 3.89* | 3.48* | 88.* | 3884.* | 3647.* | 69. | — | — | — |
| 韩国黄玉米 Maize, korean yellow, grain | 4-07-069 | 87. | 4.0 | 69.0 | 2.6 | 1.5 | 9.4 | 5.2* | 6.3* | 6.3* | 8.6 | 3.10 | 2.74 | 1.64* | 1.15* | 1.62* | 70.* | 3.39# | 3.03# | 77.# | 3.39* | 3.03* | 77.* | 3789.* | 3554.* | 86. | — | — | — |
| | | 100. | 4.6 | 79.7 | 3.0 | 1.8 | 10.9 | 6.0* | 7.2* | 7.2* | 9.9 | 3.58 | 3.16 | 1.98* | 1.33* | 1.87* | 81.* | 3.92# | 3.51# | 89.# | 3.92* | 3.51* | 89.* | 4379.* | 4107.* | 99. | — | — | — |

注：* 表示没有试验数据，采用回归公式计算；+ 表示没有韩国数据，以美国和加拿大数据补充；# 表示没有山羊的数据，以绵羊数据补充。此表的数字及小数点遵照原文格式，小数点后无数字者可将其视为精确到个位，小数点前无数字者应视为小数点前数字为 0。下同。此资料后表饲料名称不再赘述英文。

摘自：Korean Tables of Feed Composition(1982)P276-279。

## 2. 细胞壁成分及矿物质含量

表 2-8-2　细胞壁成分及矿物质含量

| 名称及描述 | 国际饲料编号 | 干物质 DM | 细胞壁 CW | 纤维素 Cellulose | 半纤维素 Hemicellulose | 木质素 Lignin | 酸性洗涤纤维 ADF | 钙 Ca | 氯 Cl | 镁 Mg | 磷 P | 钾 K | 钠 Na | 硫 S | 钴 Co | 铜 Cu | 碘 I | 铁 Fe | 锰 Mn | 硅 Si | 钨 W | 硒 Se | 锌 Zn |
|---|---|---|---|---|---|---|---|---|---|---|---|---|---|---|---|---|---|---|---|---|---|---|---|
| | | % | | | | | | | | | | | | | mg/kg | | | | | | | | |
| 白玉米 Maize, dent white, grain | 4-02-928 | 86. | — | — | — | — | — | .03+ | — | — | .26+ | — | — | — | .06+ | 6.+ | — | 26.+ | 8.+ | — | — | — | — |
| | | 100. | — | — | — | — | — | .04+ | — | — | .30+ | — | — | — | .07+ | 7.+ | — | 30.+ | 10.+ | — | — | — | — |
| 黄玉米 Maize, dent yellow, grain | 4-02-935 | 86. | — | 2.+ | — | — | 4.+ | .14 | .05+ | .12 | .27 | .34 | .18 | .11+ | .37+ | 7. | — | 100. | 9. | — | — | .12+ | 39. |
| | | 100. | — | 2.+ | — | — | 4.+ | .16 | .06+ | .14 | .31 | .40 | .21 | .13+ | .43+ | 8. | — | 117. | 11. | — | — | .14+ | 46. |
| 玉米 Maize, grain | 4-02-879 | 87. | — | — | — | — | — | .04 | — | .28 | .30 | .33 | .29 | .12+ | .02+ | 11. | — | 20. | 27. | — | — | .28+ | 47. |
| | | 100. | — | — | — | — | — | .05 | — | .32 | .35 | .38 | .34 | .14+ | .02+ | 13. | — | 24. | 32. | — | — | .32+ | 54. |
| 粉碎玉米 Maize, grain, ground | 4-02-861 | 85. | — | — | — | — | — | .51 | — | .12+ | .27 | .32+ | — | — | .88+ | 2.+ | .09+ | 26.+ | 4.+ | — | — | — | 20.+ |
| | | 100. | — | — | — | — | — | .59 | — | .14+ | .31 | .38+ | — | — | 1.03+ | 3.+ | .11+ | 31.+ | 4.+ | — | — | — | 24.+ |
| 粉碎玉米 Maize, grain, cracked | 4-02-854 | 88. | — | — | — | — | — | .21 | — | — | .18 | — | — | — | — | — | — | — | — | — | — | — | — |
| | | 100. | — | — | — | — | — | .24 | — | — | .21 | — | — | — | — | — | — | — | — | — | — | — | — |
| 韩国白玉米 Maize, korean white, grain | 4-06-660 | 86. | — | — | — | — | — | .03 | — | .21 | .40 | .59 | .05 | — | — | 6. | — | 104. | 16. | — | — | — | 35. |
| | | 100. | — | — | — | — | — | .04 | — | .25 | .47 | .69 | .05 | — | — | 7. | — | 120. | 19. | — | — | — | 41. |
| 韩国黄玉米 Maize, korean yellow, grain | 4-07-069 | 87. | — | — | — | — | — | .07 | — | .19 | .36 | .44 | .10 | — | — | 11. | -. | 118. | 16. | — | — | — | 42. |
| | | 100. | — | — | — | — | — | .08 | — | .21 | .42 | .51 | .12 | — | — | 12. | — | 137. | 18. | — | — | — | 49. |

注:CW 为 Cell Walls(细胞壁),W 为 Tungsten(钨)。

摘自:Korean Tables of Feed Composition(1982)P350-353。

### 3. 维生素含量

表 2-8-3 维生素含量

| 名称及描述 | 国际饲料编号 | 干物质 DM | 胡萝卜素 Carotene | 维生素 A | 维生素 $D_2$ | 维生素 E | 维生素 K | 生物素 Biotin | 胆碱 Choline | 叶酸 Folic acid | 烟酸 Niacin | 泛酸 Pantothenic acid | 维生素 $B_2$ | 维生素 $B_1$ | 维生素 $B_6$ | 维生素 $B_{12}$ | 叶黄素 Xanthophylls |
|---|---|---|---|---|---|---|---|---|---|---|---|---|---|---|---|---|---|
| | | % | mg/kg | IU/g | IU/kg | mg/kg | mg/kg | mg/kg | mg/kg | mg/kg | mg/kg | mg/kg | mg/kg | mg/kg | mg/kg | μg/kg | mg/kg |
| 白玉米 Maize, dent white, grain | 4-02-928 | 86. | — | — | — | — | — | .06$^{+}$ | — | — | 15.$^{+}$ | 3.8$^{+}$ | 1.3$^{+}$ | 4.4$^{+}$ | — | — | — |
| | | 100. | — | — | — | — | — | .07$^{+}$ | — | — | 17.$^{+}$ | 4.4$^{+}$ | 1.5$^{+}$ | 5.1$^{+}$ | — | — | — |
| 黄玉米 Maize, dent yellow, grain | 4-02-935 | 86. | 6.$^{+}$ | — | — | 19.$^{+}$ | .2$^{+}$ | 5.22 | 492.$^{+}$ | .30$^{+}$ | 22.$^{+}$ | 5.0$^{+}$ | .8 | 3.6$^{+}$ | 5.2$^{+}$ | — | 15.$^{+}$ |
| | | 100. | 6.$^{+}$ | — | — | 22.$^{+}$ | .2$^{+}$ | 6.08 | 573.$^{+}$ | .35$^{+}$ | 26.$^{+}$ | 5.8$^{+}$ | .9 | 4.2$^{+}$ | 6.0$^{+}$ | — | 17.$^{+}$ |
| 粉碎黄玉米 Maize, dent yellow, grain, ground | 4-26-023 | 86. | 3.$^{+}$ | 3.3$^{+}$ | — | — | — | .06$^{+}$ | 489.$^{+}$ | .30$^{+}$ | 20.$^{+}$ | 5.0$^{+}$ | 1.2$^{+}$ | 3.8$^{+}$ | — | — | 17.$^{+}$ |
| | | 100. | 3.$^{+}$ | 3.9$^{+}$ | — | — | — | .07$^{+}$ | 568.$^{+}$ | .34$^{+}$ | 23.$^{+}$ | 5.8$^{+}$ | 1.4$^{+}$ | 4.4$^{+}$ | — | — | 19.$^{+}$ |
| 粉碎玉米 Maize, grain, ground | 4-02-861 | 85. | — | 4.7$^{+}$ | 25.$^{+}$ | 52.$^{+}$ | — | .10$^{+}$ | 401.$^{+}$ | .09$^{+}$ | 25.$^{+}$ | 3.5$^{+}$ | 1.4$^{+}$ | 4.8$^{+}$ | 2.9$^{+}$ | — | — |
| | | 100. | — | 5.5$^{+}$ | 29.$^{+}$ | 61.$^{+}$ | — | .12$^{+}$ | 469.$^{+}$ | .11$^{+}$ | 29.$^{+}$ | 4.1$^{+}$ | 1.6$^{+}$ | 5.7$^{+}$ | 3.4$^{+}$ | — | — |
| 韩国黄玉米 Maize, korean yellow, grain | 4-07-069 | 87. | 4. | 6.7 | — | — | — | 4.09 | — | — | — | — | 1.0 | — | — | — | — |
| | | 100. | 5. | 7.8 | — | — | — | 4.72 | — | — | — | — | 1.1 | — | — | — | — |

摘自：Korean Tables of Feed Composition(1982)P394-395。

## 4. 氨基酸含量

表 2-8-4 氨基酸含量(%)

| 名称及描述 | 国际饲料编号 | 干物质 DM | 粗蛋白质 CP | 精氨酸 Arg | 甘氨酸 Gly | 组氨酸 His | 异亮氨酸 Ile | 亮氨酸 Leu | 赖氨酸 Lys | 蛋氨酸 Met | 胱氨酸 Cystine | 苯丙氨酸 Phe | 酪氨酸 Tyr | 丝氨酸 Ser | 苏氨酸 Thr | 色氨酸 Trp | 缬氨酸 Val | 丙氨酸 Ala | 天冬氨酸 Asp | 半胱氨酸 Cysteine | 谷氨酸 Glu | 羟(基)脯氨酸 Hydroxy-proline | 脯氨酸 Pro | 生物价值 Biological Value | 龙葵素,茄碱 Solanine |
|---|---|---|---|---|---|---|---|---|---|---|---|---|---|---|---|---|---|---|---|---|---|---|---|---|---|
| 白玉米 Maize,dent white,grain | 4-02-928 | 86. | 8.5 | .26$^{+}$ | — | .17$^{+}$ | .43$^{+}$ | .86$^{+}$ | .26$^{+}$ | .09$^{+}$ | .09$^{+}$ | .35$^{+}$ | .43$^{+}$ | — | .35$^{+}$ | .09$^{+}$ | .35$^{+}$ | — | — | — | — | — | — | — | — |
| | | 100. | 9.9 | .30$^{+}$ | — | .20$^{+}$ | .50$^{+}$ | 1.00$^{+}$ | .30$^{+}$ | .10$^{+}$ | .10$^{+}$ | .40$^{+}$ | .50$^{+}$ | — | .40$^{+}$ | .10$^{+}$ | .40$^{+}$ | — | — | — | — | — | — | — | — |
| 黄玉米 Maize,dent yellow,grain | 4-02-935 | 86. | 8.7 | .33 | .28 | .19 | .23 | .90 | .25 | .15 | .15 | .31 | .21 | .32 | .24 | .08$^{+}$ | .28 | .49 | .44 | — | 1.44 | .03$^{+}$ | .81 | — | — |
| | | 100. | 10.1 | .38 | .32 | .22 | .27 | 1.05 | .29 | .18 | .18 | .36 | .24 | .37 | .28 | .10$^{+}$ | .32 | .58 | .52 | — | 1.67 | .03$^{+}$ | .94 | — | — |
| 粉碎黄玉米 Maize,dent yellow,grain, ground | 4-26-023 | 86. | 8.6 | .44$^{+}$ | .36$^{+}$ | .27$^{+}$ | .40$^{+}$ | 1.40$^{+}$ | .29$^{+}$ | .18$^{+}$ | .16$^{+}$ | .52$^{+}$ | .36$^{+}$ | .50$^{+}$ | .36$^{+}$ | .08$^{+}$ | .50$^{+}$ | .84$^{+}$ | .78$^{+}$ | — | 2.18$^{+}$ | — | 1.03$^{+}$ | — | — |
| | | 100. | 10.0 | .51$^{+}$ | .41$^{+}$ | .31$^{+}$ | .47$^{+}$ | 1.62$^{+}$ | .34$^{+}$ | .21$^{+}$ | .19$^{+}$ | .61$^{+}$ | .42$^{+}$ | .58$^{+}$ | .42$^{+}$ | .09$^{+}$ | .58$^{+}$ | .98$^{+}$ | .91$^{+}$ | — | 2.53$^{+}$ | — | 1.20$^{+}$ | — | — |
| 玉米 Maize,grain | 4-02-879 | 87. | 8.6 | .36$^{+}$ | .31$^{+}$ | .22$^{+}$ | .35$^{+}$ | 1.24$^{+}$ | .28$^{+}$ | .18$^{+}$ | .14$^{+}$ | .44$^{+}$ | .30$^{+}$ | .50$^{+}$ | .31$^{+}$ | .09$^{+}$ | .42$^{+}$ | .60$^{+}$ | .55$^{+}$ | — | 1.83$^{+}$ | | — | .71$^{+}$ | — |
| | | 100. | 10.0 | .42$^{+}$ | .36$^{+}$ | .26$^{+}$ | .41$^{+}$ | 1.43$^{+}$ | .32$^{+}$ | .20$^{+}$ | .16$^{+}$ | .50$^{+}$ | .35$^{+}$ | .57$^{+}$ | .35$^{+}$ | .10$^{+}$ | .49$^{+}$ | .69$^{+}$ | .63$^{+}$ | — | 2.10$^{+}$ | | — | .82$^{+}$ | — |
| 韩国白玉米 Maize,korean white,grain | 4-06-660 | 86. | 9.0 | .29 | .32 | .24 | .28 | .95 | .25 | .17 | .17 | .43 | .29 | .44 | .31 | — | .40 | .49 | .59 | — | 1.83 | | — | 1.57 | — |
| | | 100. | 10.4 | .34 | .37 | .28 | .32 | 1.10 | .29 | .20 | .20 | .50 | .34 | .51 | .36 | — | .46 | .57 | .68 | — | 2.12 | | — | 1.82 | — |
| 韩国黄玉米 Maize,korean yellow,grain | 4-07-069 | 87. | 9.4 | .38 | .36 | .24 | .27 | .88 | .31 | .16 | .17 | .37 | .25 | .36 | .29 | — | .40 | .55 | .53 | — | 1.52 | | — | .82 | — |
| | | 100. | 10.9 | .44 | .42 | .27 | .32 | 1.02 | .36 | .19 | .19 | .42 | .29 | .42 | .33 | — | .46 | .63 | .62 | — | 1.76 | | — | .95 | — |

摘自:Korean Tables of Feed Composition(1982)P418-419。

## 2.8.2 薛东摄,等.1988. Composition of Korean Feedstuffs(韩国标准饲料成分表)[30]

### 1. 反刍动物(牛、羊)化学成分、消化率及营养价值

表 2-8-5 反刍动物(牛、羊)化学成分、消化率及营养价值

| 名称及描述 | 化学成分 | | | | | | 样本数 | 消化率 | | | | 营养价值 | | | | | | |
|---|---|---|---|---|---|---|---|---|---|---|---|---|---|---|---|---|---|---|
| | 干物质 DM | 粗蛋白质 CP | 粗脂肪 EE | 无氮浸出物 NFE | 粗纤维 CF | 粗灰分 Ash | | 粗蛋白质 CP | 粗脂肪 EE | 无氮浸出物 NFE | 粗纤维 CF | 可消化粗蛋白质 DCP | 总可消化养分 TDN | 消化能 DE | 代谢能 ME | 维持净能 NEm | 增重净能 NEg | 产奶净能 NEl |
| | % | % | % | % | % | % | | % | % | % | % | % | % | Mcal/kg | Mcal/kg | Mcal/kg | Mcal/kg | Mcal/kg |
| 玉米,黄色,进口 Corn (yellow-imported) | 85.95 | 8.51 | 3.82 | 69.81 | 2.17 | 1.64 | 410 | 69.90 | 81.60 | 94.60 | 53.30 | 5.95 | 80.16 | 3.53 | 2.90 | 1.95 | 1.30 | 1.88 |
| 美国玉米 United States | 85.93 | 8.50 | 3.80 | 69.71 | 2.26 | 1.66 | 370 | 69.90 | 81.60 | 94.60 | 53.30 | 5.94 | 80.07 | 3.53 | 2.89 | 1.94 | 1.30 | 1.88 |
| 二级玉米 2nd grade | 85.77 | 8.64 | 3.72 | 70.65 | 1.49 | 1.27 | 5 | — | — | — | — | 6.04 | 80.50 | 3.55 | 2.91 | 1.96 | 1.31 | 1.89 |
| 三级玉米 3rd grade | 86.70 | 9.50 | 3.70 | 69.20 | 2.20 | 1.90 | 2 | — | — | — | — | 6.64 | 80.07 | 3.53 | 2.89 | 1.94 | 1.30 | 1.88 |
| 泰国玉米 Thailand | 86.10 | 8.57 | 4.13 | 70.10 | 1.97 | 1.39 | 21 | 76.80 | 82.60 | 77.10 | 63.40 | 6.58 | 69.55 | 3.07 | 2.51 | 1.62 | 1.01 | 1.62 |
| 中国玉米 China | 86.58 | 8.56 | 3.90 | 70.81 | 1.86 | 1.45 | 8 | 69.90 | 81.60 | 94.60 | 53.30 | 5.98 | 81.12 | 3.58 | 2.93 | 1.98 | 1.33 | 1.91 |
| 阿根廷玉米 Argentina | 86.15 | 8.51 | 4.18 | 69.28 | 1.27 | 2.91 | 3 | — | — | — | — | 5.95 | 79.84 | 3.52 | 2.89 | 1.94 | 1.29 | 1.88 |
| 新西兰玉米 New Zieland | 86.23 | 7.22 | 3.70 | 71.14 | 1.18 | 2.99 | 1 | — | — | — | — | 5.05 | 79.77 | 3.52 | 2.88 | 1.94 | 1.29 | 1.87 |
| 蒸汽压片玉米 Steam flaked | 84.36 | 8.26 | 2.80 | 70.54 | 1.47 | 1.29 | 2 | — | — | — | — | 5.77 | 78.43 | 3.46 | 2.84 | 1.89 | 1.26 | 1.84 |

续表 2-8-5

| 名称及描述 | 化学成分 | | | | | | 样本数 | 消化率 | | | | 营养价值 | | | | | | |
|---|---|---|---|---|---|---|---|---|---|---|---|---|---|---|---|---|---|---|
| | 干物质 DM | 粗蛋白质 CP | 粗脂肪 EE | 无氮浸出物 NFE | 粗纤维 CF | 粗灰分 Ash | | 粗蛋白质 CP | 粗脂肪 EE | 无氮浸出物 NFE | 粗纤维 CF | 可消化粗蛋白质 DCP | 总可消化养分 TDN | 消化能 DE | 代谢能 ME | 维持净能 NEm | 增重净能 NEg | 产奶净能 NE1 |
| | % | % | % | % | % | % | | % | % | % | % | % | % | Mcal/kg | Mcal/kg | Mcal/kg | Mcal/kg | Mcal/kg |
| 玉米,黄色,国产 Corn (yellow-domestic) | 84.33 | 9.27 | 3.95 | 70.95 | 2.55 | 1.61 | 41 | 69.10 | 73.30 | 93.50 | 34.30 | 6.41 | 80.12 | 3.53 | 2.90 | 1.95 | 1.30 | 1.88 |
| Hwangok 3 | 89.79 | 8.62 | 3.42 | 73.72 | 2.34 | 1.69 | 1 | — | — | — | — | 5.96 | 81.33 | 3.59 | 2.94 | 1.98 | 1.33 | 1.91 |
| Suweon 19 | 89.81 | 9.16 | 3.81 | 72.44 | 2.64 | 1.76 | 1 | — | — | — | — | 6.33 | 81.23 | 3.58 | 2.94 | 1.98 | 1.33 | 1.91 |
| Suweon 29 | 90.19 | 9.10 | 4.30 | 73.23 | 1.90 | 1.66 | 1 | 69.10 | 73.30 | 93.50 | 34.30 | 6.29 | 82.48 | 3.64 | 2.98 | 2.02 | 1.36 | 1.94 |
| Suweon 47 | 90.10 | 7.97 | 3.90 | 74.72 | 2.21 | 1.30 | 1 | — | — | — | — | 5.51 | 82.54 | 3.64 | 2.98 | 2.02 | 1.36 | 1.94 |
| Suweon 57 | 89.90 | 8.73 | 3.87 | 73.37 | 2.27 | 1.66 | 1 | — | — | — | — | 6.03 | 81.78 | 3.61 | 2.96 | 2.00 | 1.34 | 1.92 |
| Suweon 58 | 89.85 | 8.47 | 4.06 | 73.85 | 2.14 | 1.33 | 1 | — | — | — | — | 5.85 | 82.31 | 3.63 | 2.98 | 2.01 | 1.36 | 1.94 |
| Suweon 61 | 90.16 | 9.43 | 4.65 | 72.83 | 1.73 | 1.52 | 1 | — | — | — | — | 6.52 | 82.85 | 3.65 | 3.00 | 2.03 | 1.37 | 1.95 |
| Suweon 62 | 89.81 | 8.45 | 3.70 | 74.53 | 1.76 | 1.37 | 1 | — | — | — | — | 5.84 | 82.21 | 3.62 | 2.97 | 2.01 | 1.35 | 1.94 |
| Suweon 63 | 89.86 | 8.67 | 3.75 | 73.32 | 2.39 | 1.67 | 1 | — | — | — | — | 5.99 | 81.53 | 3.59 | 2.95 | 1.99 | 1.34 | 1.92 |
| Suweon 64 | 90.16 | 8.08 | 4.28 | 74.08 | 2.19 | 1.53 | 1 | — | — | — | — | 5.58 | 82.64 | 3.64 | 2.99 | 2.02 | 1.36 | 1.95 |
| Suweon 65 | 89.96 | 8.06 | 4.00 | 68.39 | 8.09 | 1.42 | 1 | — | — | — | — | 5.57 | 78.87 | 3.48 | 2.85 | 1.91 | 1.27 | 1.85 |
| Suweon 66 | 89.69 | 7.98 | 3.61 | 74.97 | 1.79 | 1.34 | 1 | — | — | — | — | 5.51 | 82.16 | 3.62 | 2.97 | 2.01 | 1.35 | 1.93 |
| Suweon 67 | 90.37 | 9.56 | 4.76 | 72.19 | 2.21 | 1.65 | 1 | — | — | — | — | 6.61 | 82.69 | 3.65 | 2.99 | 2.02 | 1.37 | 1.95 |
| 玉米,白色,国产 Corn(white, domestic) | 86.92 | 9.10 | 4.27 | 69.89 | 2.17 | 1.49 | 46 | 63.70 | 73.80 | 94.50 | 39.00 | 5.80 | 79.78 | 3.52 | 2.88 | 1.94 | 1.29 | 1.87 |
| 玉米粉 Corn meal | 89.02 | 8.12 | 4.86 | 72.82 | 1.48 | 1.74 | 2 | 34.80 | 82.90 | 88.30 | 0.00 | 2.83 | 76.19 | 3.36 | 2.75 | 1.83 | 1.20 | 1.78 |

注:原文有 100%干物质基础对应数据,读者可自行计算得到,下同。此资料后表饲料名称及描述英文不再赘述。

摘自:《韩国标准饲料成分表》(1988)P8-11。

## 2. 非反刍动物(猪、鸡)化学成分、消化率及营养价值

表 2-8-6　非反刍动物(猪、鸡)化学成分、消化率及营养价值

| 名称及描述 | 化学成分 | | | | | | 样本数 | 消化率(猪) | | | | 营养价值(猪) | | | | 营养价值(鸡) | |
|---|---|---|---|---|---|---|---|---|---|---|---|---|---|---|---|---|---|
| | 干物质 DM | 粗蛋白质 CP | 粗脂肪 EE | 无氮浸出物 NFE | 粗纤维 CF | 粗灰分 Ash | | 粗蛋白质 CP | 粗脂肪 EE | 无氮浸出物 NFE | 粗纤维 CF | 可消化粗蛋白质 DCP | 总可消化养分 TDN | 消化能 DE | 代谢能 ME | 代谢能 ME | 真代谢能 TME |
| | % | % | % | % | % | % | | % | % | % | % | % | % | Mcal/kg | Mcal/kg | Mcal/kg | Mcal/kg |
| 玉米,黄色,进口 | 85.95 | 8.51 | 3.82 | 69.81 | 2.17 | 1.64 | 410 | 80.7 | 80.50 | 92.10 | 54.00 | 6.87 | 79.25 | 3.49 | 3.29 | 3.32 | — |
| 美国玉米 | 85.93 | 8.50 | 3.80 | 69.71 | 2.26 | 1.66 | 370 | — | — | — | — | 6.86 | 79.17 | 3.48 | 3.28 | 3.45 | 3.46 |
| 二级玉米 | 85.77 | 8.64 | 3.72 | 70.65 | 1.49 | 1.27 | 5 | 88.80 | 70.60 | 95.30 | 26.20 | 7.67 | 81.30 | 3.58 | 3.37 | 3.65 | — |
| 三级玉米 | 86.70 | 9.50 | 3.70 | 69.20 | 2.20 | 1.90 | 2 | — | — | — | — | 8.44 | 80.84 | 3.56 | 3.35 | — | — |
| 泰国玉米 | 86.10 | 8.57 | 4.13 | 70.10 | 1.97 | 1.39 | 21 | 80.70 | 80.50 | 92.10 | 54.00 | 6.92 | 80.02 | 3.52 | 3.32 | — | — |
| 中国玉米 | 86.58 | 8.56 | 3.90 | 70.81 | 1.86 | 1.45 | 8 | 70.10 | 71.30 | 93.70 | 29.00 | 6.00 | 79.15 | 3.48 | 3.28 | — | — |
| 阿根廷玉米 | 86.15 | 8.51 | 4.18 | 69.28 | 1.27 | 2.91 | 3 | 80.70 | 80.50 | 92.10 | 54.00 | 6.87 | 78.93 | 3.47 | 3.27 | — | — |
| 新西兰玉米 | 86.23 | 7.22 | 3.70 | 71.14 | 1.18 | 2.99 | 1 | — | — | — | — | 5.83 | 78.69 | 3.46 | 3.27 | — | — |
| 蒸汽压片玉米 | 84.36 | 8.26 | 2.80 | 70.54 | 1.47 | 1.29 | 2 | — | — | — | — | 6.67 | 77.50 | 3.41 | 3.22 | — | — |
| 玉米,黄色,国产 | 84.33 | 9.27 | 3.95 | 70.95 | 2.55 | 1.61 | 41 | 84.40 | 84.00 | 93.90 | 50.40 | 7.82 | 83.20 | 3.66 | 3.45 | — | — |

续表 2-8-6

| 名称及描述 | 化学成分 | | | | | | 样本数 | 消化率(猪) | | | | 营养价值(猪) | | | | 营养价值(鸡) | |
|---|---|---|---|---|---|---|---|---|---|---|---|---|---|---|---|---|---|
| | 干物质 DM | 粗蛋白质 CP | 粗脂肪 EE | 无氮浸出物 NFE | 粗纤维 CF | 粗灰分 Ash | | 粗蛋白质 CP | 粗脂肪 EE | 无氮浸出物 NFE | 粗纤维 CF | 可消化粗蛋白质 DCP | 总可消化养分 TDN | 消化能 DE | 代谢能 ME | 代谢能 ME | 真代谢能 TME |
| | % | % | % | % | % | % | | % | % | % | % | % | % | Mcal/kg | Mcal/kg | Mcal/kg | Mcal/kg |
| Hwangok 3 | 89.79 | 8.62 | 3.42 | 73.72 | 2.34 | 1.69 | 1 | — | — | — | — | 7.28 | 84.14 | 3.70 | 3.49 | — | — |
| Suweon 19 | 89.81 | 9.16 | 3.81 | 72.44 | 2.64 | 1.76 | 1 | — | — | — | — | 7.73 | 84.28 | 3.71 | 3.49 | — | — |
| Suweon 29 | 90.19 | 9.10 | 4.30 | 73.23 | 1.90 | 1.66 | 1 | 84.40 | 84.00 | 93.90 | 50.40 | 7.68 | 85.53 | 3.76 | 3.54 | — | — |
| Suweon 47 | 90.10 | 7.97 | 3.90 | 74.72 | 2.21 | 1.30 | 1 | — | — | — | — | 6.73 | 85.37 | 3.76 | 3.55 | — | — |
| Suweon 57 | 89.90 | 8.73 | 3.87 | 73.37 | 2.27 | 1.66 | 1 | — | — | — | — | 7.37 | 84.72 | 3.73 | 3.51 | — | — |
| Suweon 58 | 89.85 | 8.47 | 4.06 | 73.85 | 2.14 | 1.33 | 1 | — | — | — | — | 7.15 | 85.25 | 3.75 | 3.54 | — | — |
| Suweon 61 | 90.16 | 9.43 | 4.65 | 72.83 | 1.73 | 1.52 | 1 | — | — | — | — | 7.96 | 86.01 | 3.78 | 3.56 | — | — |
| Suweon 62 | 89.81 | 8.45 | 3.70 | 74.53 | 1.76 | 1.37 | 1 | — | — | — | — | 7.13 | 85.00 | 3.74 | 3.53 | — | — |
| Suweon 63 | 89.86 | 8.67 | 3.75 | 73.32 | 2.39 | 1.67 | 1 | — | — | — | — | 7.32 | 84.46 | 3.72 | 3.50 | — | — |
| Suweon 64 | 90.16 | 8.08 | 4.28 | 74.08 | 2.19 | 1.53 | 1 | — | — | — | — | 6.82 | 85.57 | 3.77 | 3.55 | — | — |
| Suweon 65 | 89.96 | 8.06 | 4.00 | 68.39 | 8.09 | 1.42 | 1 | — | — | — | — | 6.80 | 82.66 | 3.64 | 3.43 | — | — |
| Suweon 66 | 89.69 | 7.98 | 3.61 | 74.97 | 1.79 | 1.34 | 1 | — | — | — | — | 6.74 | 84.86 | 3.73 | 3.52 | — | — |
| Suweon 67 | 90.37 | 9.56 | 4.76 | 72.19 | 2.21 | 1.65 | 1 | — | — | — | — | 8.07 | 85.97 | 3.78 | 3.56 | — | — |
| 玉米,白色,国产 | 86.92 | 9.10 | 4.27 | 69.89 | 2.17 | 1.49 | 4 | 82.90 | 77.30 | 92.40 | 51.20 | 7.54 | 80.66 | 3.55 | 3.34 | — | — |
| 玉米粉 | 89.02 | 8.12 | 4.86 | 72.82 | 1.48 | 1.74 | 2 | 73.60 | 68.30 | 95.30 | 53.70 | 5.98 | 83.64 | 3.68 | 3.47 | — | 2.88 |

摘自:《韩国标准饲料成分表》(1988)P160-163。

3. 矿物质含量

表 2-8-7 矿物质含量

| 名称及描述 | 干物质 DM (%) | 钙 Ca (%) | 磷 P (%) | 钾 K (%) | 钠 Na (%) | 镁 Mg (%) | 氯 Cl (%) | 硫 S (%) | 铁 Fe (mg/kg) | 锰 Mn (mg/kg) | 钴 Co (mg/kg) | 锌 Zn (mg/kg) | 铜 Cu (mg/kg) | 氟 F (mg/kg) | 样本数 |
|---|---|---|---|---|---|---|---|---|---|---|---|---|---|---|---|
| 黄玉米,进口 | 85.59 | 0.04 | 0.28 | 0.40 | 0.02 | 0.13 | 0.02 | 0.08 | 98 | 12 | — | 30 | 7 | — | 17 |
| 美国玉米 | 85.82 | 0.02 | 0.29 | 0.39 | 0.02 | 0.15 | — | — | 122 | 18 | — | 39 | 4 | — | 3 |
| 二级玉米 | 85.27 | 0.03 | 0.26 | 0.44 | 0.03 | 0.12 | — | — | 98 | 12 | — | 26 | 8 | — | 7 |
| 三级玉米 | 85.28 | 0.16 | 0.27 | 0.33 | 0.02 | 0.11 | — | — | 47 | 5 | — | 22 | — | — | 1 |
| 泰国玉米 | 86.05 | 0.02 | 0.30 | 0.43 | 0.02 | 0.15 | — | — | 115 | 14 | — | 39 | 7 | — | 3 |
| 中国玉米 | 86.41 | 0.03 | 0.28 | 0.28 | 0.01 | 0.10 | — | — | 109 | 9 | — | 28 | — | — | 2 |
| 玉米(黄色,国产) | 88.8 | 0.03 | 0.36 | 0.63 | 0.04 | 0.13 | — | — | 92 | 29 | — | 50 | 5 | — | 28 |
| Hwangok 3 | 87.63 | 0.04 | 0.39 | 0.57 | 0.02 | 0.19 | — | — | 137 | 14 | — | 41 | 4 | — | 3 |
| Suweon 19 | 88.54 | 0.02 | 0.47 | 0.66 | 0.02 | 0.15 | — | — | 96 | 12 | — | 43 | 6 | — | 2 |
| Suweon 29 | 88.79 | 0.02 | 0.61 | 0.62 | 0.02 | 0.20 | — | — | 139 | 18 | — | 42 | 3 | — | 2 |
| Suweon 47 | 88.17 | 0.03 | 0.60 | 0.61 | 0.03 | 0.06 | — | — | 75 | 17 | — | 31 | 4 | — | 2 |
| Suweon 57 | 89.90 | 0.02 | 0.53 | 0.70 | 0.02 | 0.10 | — | — | 39 | 10 | — | 30 | 1 | — | 1 |
| Suweon 61 | 90.16 | 0.01 | 0.51 | 0.67 | 0.01 | 0.13 | — | — | 50 | 7 | — | 27 | 1 | — | 1 |
| Suweon 62 | 89.81 | 0.01 | 0.32 | 0.83 | 0.02 | 0.13 | — | — | 80 | 10 | — | 30 | 6 | — | 1 |
| Suweon 63 | 89.90 | 0.01 | 0.23 | 0.73 | 0.03 | 0.13 | — | — | 76 | 6 | — | 25 | 8 | — | 1 |
| Suweon 64 | 90.16 | 0.01 | 0.24 | 0.47 | 0.02 | 0.08 | — | — | 49 | 6 | — | 31 | 4 | — | 1 |
| Suweon 65 | 89.96 | 0.03 | 0.19 | 0.38 | 0.02 | 0.11 | — | — | 59 | 6 | — | 38 | 6 | — | 1 |
| Suweon 66 | 89.69 | 0.02 | 0.23 | 0.48 | 0.01 | 0.10 | — | — | 60 | 7 | — | 30 | 5 | — | 1 |
| Suweon 67 | 90.37 | 0.02 | 0.21 | 0.50 | 0.01 | 0.09 | — | — | 57 | 9 | — | 37 | 3 | — | 1 |
| 玉米(白色,国产) | 85.28 | 0.01 | 0.35 | 0.27 | 0.06 | 0.11 | — | — | 90 | 12 | — | 31 | 8 | — | 3 |

摘自:《韩国标准饲料成分表》(1988)P216-219。

## 4. 氨基酸含量

表 2-8-8 氨基酸含量

| 名称及描述 | 干物质 DM | 粗蛋白质 CP | 胱氨酸 Cys | 蛋氨酸 Met | 天冬氨酸 Asp | 苏氨酸 Thr | 丝氨酸 Ser | 谷氨酸 Glu | 脯氨酸 Pro | 甘氨酸 Gly | 丙氨酸 Ala | 缬氨酸 Val | 异亮氨酸 Ile | 亮氨酸 Leu | 酪氨酸 Tyr | 苯丙氨酸 Phe | 赖氨酸 Lys | 组氨酸 His | 精氨酸 Arg | 色氨酸 Trp | 样本数 |
|---|---|---|---|---|---|---|---|---|---|---|---|---|---|---|---|---|---|---|---|---|---|
| | % | % | % | % | % | % | % | % | % | % | % | % | % | % | % | % | % | % | % | % | |
| 黄玉米,进口 | 85.95 | 8.49 | 0.148 | 0.190 | 0.554 | 0.291 | 0.394 | 1.639 | 0.850 | 0.338 | 0.633 | 0.399 | 0.291 | 1.027 | 0.295 | 0.417 | 0.249 | 0.282 | 0.395 | 0.060 | 37 |
| 美国玉米 | 85.93 | 8.35 | 0.153 | 0.196 | 0.580 | 0.300 | 0.413 | 1.673 | 0.792 | 0.356 | 0.665 | 0.397 | 0.316 | 1.077 | 0.314 | 0.430 | 0.266 | 0.324 | 0.420 | — | 12 |
| 二级玉米 | 85.30 | 8.40 | 0.166 | 0.172 | 0.481 | 0.258 | 0.339 | 1.458 | 0.849 | 0.303 | 0.532 | 0.364 | 0.235 | 0.912 | 0.250 | 0.366 | 0.288 | 0.223 | 0.419 | — | 2 |
| 三级玉米 | 86.50 | 9.50 | 0.166 | 0.173 | 0.478 | 0.261 | 0.339 | 1.460 | 0.852 | 0.307 | 0.532 | 0.367 | 0.237 | 0.903 | 0.250 | 0.440 | 0.330 | 0.250 | 0.428 | — | 2 |
| 泰国玉米 | 86.10 | 8.30 | 0.171 | 0.235 | 0.549 | 0.285 | 0.380 | 1.616 | 0.677 | 0.338 | 0.644 | 0.419 | 0.286 | 0.997 | 0.291 | 0.413 | 0.254 | 0.316 | 0.411 | — | 10 |
| 中国玉米 | 86.58 | 8.69 | 0.105 | 0.147 | 0.557 | 0.283 | 0.375 | 1.621 | 0.958 | 0.330 | 0.616 | 0.386 | 0.296 | 1.040 | 0.285 | 0.412 | 0.250 | 0.242 | 0.386 | — | 7 |
| 黄玉米(国产) | 84.33 | 8.87 | 0.167 | 0.157 | 0.542 | 0.286 | 0.369 | 1.502 | 0.824 | 0.352 | 0.581 | 0.399 | 0.283 | 0.916 | 0.268 | 0.380 | 0.322 | 0.277 | 0.413 | — | 18 |
| Hwangok 3 | 89.79 | 8.62 | 0.155 | 0.129 | 0.560 | 0.295 | 0.372 | 1.625 | 0.850 | 0.361 | 0.625 | 0.424 | 0.314 | 1.023 | 0.287 | 0.436 | 0.360 | 0.264 | 0.461 | — | 1 |
| Suweon 19 | 89.81 | 9.16 | 0.173 | 0.110 | 0.491 | 0.283 | 0.360 | 1.632 | 0.862 | 0.348 | 0.632 | 0.417 | 0.305 | 0.895 | 0.305 | 0.335 | 0.244 | 0.293 | 0.389 | — | 1 |
| Suweon 29 | 90.19 | 9.10 | 0.157 | 0.196 | 0.454 | 0.236 | 0.320 | 1.538 | 0.764 | 0.289 | 0.586 | 0.398 | 0.269 | 0.970 | 0.238 | 0.341 | 0.234 | 0.209 | 0.325 | — | 1 |

摘自:《韩国标准饲料成分表》(1988)P317。

5. 维生素含量

表 2-8-9 维生素含量

| 名称及描述 | 干物质 DM | 胡萝卜素 Carotin | 维生素 A | 维生素 E | 维生素 $B_1$ | 维生素 $B_2$ | 泛酸 Pantothenic | 烟酸 Niacin | 维生素 $B_6$ | 生物素 Biotin | 叶酸 Folic acid | 胆碱 Choline | 维生素 $B_{12}$ |
|---|---|---|---|---|---|---|---|---|---|---|---|---|---|
| | % | mg/kg | mg/kg | mg/kg | mg/kg | mg/kg | mg/kg | mg/kg | mg/kg | mg/kg | mg/kg | mg/kg | mg/kg |
| 黄玉米(进口) | 86.20 | 4.80 | — | 25.60 | 4.70 | 1.30 | 5.80 | 26.60 | 8.37 | 0.07 | 0.23 | 624 | |
| 二级玉米 | 84.80 | — | — | — | 4.28 | 1.03 | | | | | | | |
| 三级玉米 | 86.50 | — | — | — | 6.19 | 0.82 | | | | | | | |
| 泰国 | 85.40 | — | — | — | 4.30 | 1.00 | | | | | | | |
| 中国 | 86.73 | — | — | — | 4.32 | 1.35 | | | | | | | |
| 黄玉米(国产) | 87.8 | — | — | — | 6.27 | 0.78 | | | | | | | |
| Hwangok 3 | 87.60 | — | — | — | 3.85 | 0.71 | | | | | | | |
| Suweon 19 | 89.00 | — | — | — | 3.54 | 0.54 | | | | | | | |
| Suweon 29 | 88.80 | — | — | — | 4.27 | 0.72 | | | | | | | |
| Suweon 47 | 86.20 | — | — | — | 4.25 | 0.71 | | | | | | | |

摘自:《韩国标准饲料成分表》(1988)P343。

## 2.9 澳大利亚资料

### 2.9.1 Standing Committee on Agriculture, Pig Subcommittee, 1987. Feeding Standards for Australian Livestock (Pigs)(澳大利亚猪饲养标准)[31]

1. 饲料常规成分

表 2-9-1 饲料常规成分(风干基础,以 90%干物质计,%)*

| 饲料原料 | 粗蛋白质 CP | 粗纤维 CF | 粗脂肪 EE | 粗灰分 Ash | 无氮浸出物 NFE |
|---|---|---|---|---|---|
| 玉米 Maize | 9.8 | 2.8 | 4.8 | 1.7 | 71.1 |

注:* 引自 The Australian Stockfeed Reference Book(Richard Milne Pty Limited,1981)。
摘自:Feeding Standards for Australian Livestock (Pigs)(1987)P96。

## 2. 饲料中粗蛋白质和总氨基酸含量

**表 2-9-2 饲料中粗蛋白质和总氨基酸含量(风干基础,干物质以 90%计,括号内为标准误差,g/kg)***

| 饲料原料 | 粗蛋白质范围 | 粗蛋白质平均值±标准误差 mean±s. e. | 天冬氨酸 Asp | 苏氨酸 Thr | 丝氨酸 Ser | 谷氨酸 Glu | 甘氨酸 Gly | 丙氨酸 Ala | 缬氨酸 Val | 蛋氨酸 Met | 异亮氨酸 Ile | 亮氨酸 Leu | 酪氨酸 Tyr | 苯丙氨酸 Phe | 组氨酸 His | 赖氨酸 Lys | 精氨酸 Arg | 胱氨酸 Cys | 样品数 | 胱氨酸遗失数 Missing cystine |
|---|---|---|---|---|---|---|---|---|---|---|---|---|---|---|---|---|---|---|---|---|
| 玉米 Maize | 87.0～109.0 | 96.7(8.9) | 5.7 (1.3) | 3.2 (0.5) | 4.4 (1.1) | 18.0 (3.9) | 3.2 (0.7) | 6.9 (1.3) | 4.9 (1.1) | 1.7 (0.8) | 3.3 (0.9) | 12.5 (2.6) | 3.1 (1.2) | 4.5 (1.3) | 2.6 (0.5) | 2.4 (0.6) | 4.0 (0.9) | 1.7 (0.8) | 6 | 2 |

注:s. e. =standard error,标准误差;* 引自 Poultry Husbandry Research Foundation,University of Sydney。

摘自:Feeding Standards for Australian Livestock (Pigs)(1987)P98。

## 3. 饲料中粗蛋白质和色氨酸含量

**表 2-9-3 饲料中粗蛋白质和色氨酸含量(风干基础,以 90%干物质计)***

| 饲料原料 | 粗蛋白质 CP (g/kg) | 色氨酸 Trp | |
|---|---|---|---|
| | | (g/16g N) | (g/kg) |
| 玉米 Maize | 92 | 0.43 | 0.4 |

注:* 引自 Batterham et al. (1983)。

摘自:Feeding Standards for Australian Livestock(1987)P107。

## 4. 饲料中赖氨酸可利用率

**表 2-9-4 饲料中由斜率法计算及回肠末端消化率法测定的赖氨酸可利用率及其推荐值(%)**

| 饲料原料 | 斜率法计算的平均值及范围 Slope-ration value Mean (Range) | 回肠末端消化率法测定的平均值及范围 Ileal digestibility value Mean(Range) | 赖氨酸可利用率推荐值 Recommended value |
|---|---|---|---|
| 玉米 Maize | — | 83 * | 85 |

注:* 引自 Taverner et al. (1981)。

摘自:Feeding Standards for Australian Livestock (Pigs)(1987)P108。

5. 猪饲料中常用原料矿物质含量

表 2-9-5 猪饲料中常用原料矿物质含量(风干基础,以 90%干物质计,mg/kg)*

| 饲料原料 | 钙 Ca | 磷 P | 镁 Mg | 钾 K | 钠 Na | 铁 Fe | 铜 Cu | 锰 Mn | 锌 Zn | 硒 Se** |
|---|---|---|---|---|---|---|---|---|---|---|
| 玉米(籽粒)Maize(grain) | 1.0 | 2.0 | 2.0 | 2.4 | — | 30 | 7 | 9 | 24 | 0.08 |

注:* Australian Feed Information Centre,CSIRO,Blacktown,N. S. W. ,2148; ** J. A. Nell,Poultry Research Foundation,University of Sydney,Camden,N. S. W. ,2570。
摘自:Feeding Standards for Australian Livestock (Pigs)(1987)P113。

6. 猪饲料中常用原料维生素含量

表 2-9-6 猪饲料中常用原料维生素含量(风干基础,以 90%干物质计,mg/kg)*

| 饲料原料 | 生物素 Biotin | 胆碱 Choline | 叶酸 Folacin | 烟酸 Niacin | 泛酸 Pantothenic acid | 维生素 $B_6$ Pyridoxine | 维生素 $B_2$ Riboflavin | 维生素 $B_1$ Thiamin | 维生素 $B_{12}$ | 维生素 E** |
|---|---|---|---|---|---|---|---|---|---|---|
| 玉米 Corn | 0.11 | 530 | 0.2 | 34 | 7.5 | 7.0 | 1.0 | 3.5 | — | 22 |

注:* National Research Council(1979);** i. u. /kg。
摘自:Feeding Standards for Australian Livestock (Pigs)(1987)P116。

## 2.10 巴西资料

### 2.10.1 Horacio Santiago Rostagno,et al.2011. Brazilian Tables for Poultry and Swine: Composition of Feedstuffs and Nutritional Requirements(巴西家禽与猪饲料成分及营养需要)[32]

1. 家禽和猪用饲料化学成分、消化率和能值

表 2-10-1 家禽和猪用饲料化学成分、消化率和能值(饲喂基础)

| 营养成分 Nutrient | 干物质 DM (%) | 粗蛋白质 CP (%) | 家禽粗蛋白质消化率 Coef. Dig. CP Poultry (%) | 家禽可消化粗蛋白质 Dig. CP Poultry (%) | 猪粗蛋白质消化率 Coef. Dig. CP Swine (%) | 猪可消化粗蛋白质 Dig. CP Swine (%) | 粗脂肪 Fat (%) | 家禽粗脂肪消化率 Coef. Dig. Fat Poultry* (%) | 家禽可消化粗脂肪 Dig. Fat Poultry (%) | 猪粗脂肪消化率 Coef. Dig. Fat Swine* (%) | 猪可消化粗脂肪 Dig. Fat Swine (%) | 亚油酸 Linoleic acid (%) | 亚麻酸 Linolenic acid (%) | 淀粉 Starch (%) | 粗纤维 CF (%) | 猪粗纤维消化率 Coef. Dig. CF Swine (%) | 中性洗涤纤维 NDF (%) | 猪中性洗涤纤维消化率 Coef. Dig. NDF Swine (%) |
|---|---|---|---|---|---|---|---|---|---|---|---|---|---|---|---|---|---|---|
| 玉米 Corn (7.88%) | 87.48 | 7.88 | 87.00 | 6.86 | 85.00 | 6.70 | 3.65 | 92.00 | 3.36 | 90.00 | 3.29 | 1.91 | 0.03 | 62.66 | 1.73 | 41.40 | 11.93 | 66.40 |
| 高赖氨酸玉米 Corn high lysine | 88.43 | 8.26 | 87.84 | 7.25 | 87.00 | 7.18 | 3.66 | 92.00 | 3.37 | 90.00 | 3.29 | 1.92 | 0.03 | 65.37 | 1.52 | — | 12.09 | — |
| 高油玉米 Corn high oil | 87.70 | 8.21 | 87.00 | 7.14 | 85.00 | 6.98 | 6.30 | 93.00 | 5.86 | 90.00 | 5.67 | 3.30 | 0.04 | 59.00 | 2.60 | — | 10.80 | — |
| 干热处理过玉米 Corn pre-cooked | 88.33 | 7.61 | 89.04 | 6.78 | 87.00 | 6.62 | 1.71 | 92.00 | 1.57 | 90.00 | 1.54 | 0.89 | 0.01 | 64.00 | 1.23 | — | 10.64 | — |

续表 2-10-1

| 营养成分 Nutrient | 酸性洗涤纤维 ADF (%) | 猪酸性洗涤纤维消化率 Coef. Dig. ADF Swine (%) | 无氮浸出物 NFE (%) | 家禽无氮浸出物消化率 Coef. Dig. NFE Poultry* (%) | 家禽可消化无氮浸出物 Dig. NFE Poultry (%) | 家禽不可消化的无氮浸出物和粗纤维 Non Dig. NFE+CF Poultry (%) | 有机物 OM (%) | 猪有机物消化率 Coef. Dig. OM Swine* (%) | 猪可消化有机物 Dig. OM Swine (%) | 猪不可消化有机物 Non Dig. OM Swine (%) | 粗灰分 Ash (%) | 钾 K (%) | 钠 Na (%) | 氯 Cl (%) | 总能 GE (kcal/kg) | 家禽代谢能 ME Poultry (kcal/kg) | 母鸡代谢能 ME Hens (kcal/kg) | 家禽真代谢能 TME Poultry (kcal/kg) | 猪消化能 DE Swine (kcal/kg) | 母猪消化能 DE Sows (kcal/kg) | 猪代谢能 ME Swine (kcal/kg) | 母猪代谢能 ME Sows (kcal/kg) | 猪净能 NE Swine* (kcal/kg) |
|---|---|---|---|---|---|---|---|---|---|---|---|---|---|---|---|---|---|---|---|---|---|---|---|
| 玉米 Corn (7.88%) | 3.38 | 68.20 | 72.95 | 91.80 | 66.97 | 7.71 | 86.21 | 90.00 | 77.59 | 8.62 | 1.27 | 0.29 | 0.02 | 0.06 | 3940 | 3381 | 3404 | 3500 | 3460 | 3546 | 3340 | 3405 | 2648 |
| 高赖氨酸玉米 Corn high lysine | 3.05 | — | 73.88 | 90.80 | 67.08 | 8.32 | 87.32 | 89.00 | 77.71 | 9.61 | 1.12 | 0.21 | 0.01 | 0.05 | 3907 | 3405 | 3430 | 3579 | 3508 | 3604 | 3409 | 3481 | 2708 |
| 高油玉米 Corn high oil | 3.35 | — | 69.41 | 94.00 | 65.25 | 6.76 | 86.52 | 90.00 | 77.87 | 8.65 | 1.18 | 0.35 | 0.01 | 0.05 | 4216 | 3560 | 3580 | — | 3630 | 3717 | 3582 | 3647 | 2835 |
| 热处理过的玉米 Corn pre-cooked | 2.37 | — | 76.79 | 94.00 | 72.18 | 5.84 | 87.34 | 92.30 | 80.61 | 6.73 | 0.99 | 0.25 | 0.02 | — | 3987 | 3429 | 3447 | 3514 | 3519 | 3586 | 3444 | 3494 | 2699 |

注：* 为计算值或估计值。Dig. = Digestible，消化(可消化)。

摘自：Brazilian Tables for Poultry and Swine：Composition of Feedstuffs and Nutritional Requirements(2011)P31-33。

## 2. 猪和家禽用玉米氨基酸含量

表 2-10-2　猪和家禽用玉米的氨基酸含量(%,饲喂基础)

| 营养成分 | 粗蛋白质 CP | 赖氨酸 Lys | 蛋氨酸 Met | 蛋氨酸+胱氨酸 Met +Cys | 苏氨酸 Thr | 色氨酸 Trp | 精氨酸 Arg | 甘氨酸+丝氨酸 Gly +Ser | 缬氨酸 Val | 异亮氨酸 Ile | 亮氨酸 Leu | 组氨酸 His | 苯丙氨酸 Phe | 苯丙氨酸+酪氨酸 Phe+Tyr |
|---|---|---|---|---|---|---|---|---|---|---|---|---|---|---|
| 玉米 Corn (7.29%) | 7.29 | 0.21 | 0.15 | 0.30 | 0.29 | 0.05 | 0.35 | 0.65 | 0.34 | 0.24 | 0.87 | 0.21 | 0.33 | 0.57 |
| 玉米 Corn (7.88%) | 7.88 | 0.23 | 0.16 | 0.33 | 0.32 | 0.06 | 0.37 | 0.69 | 0.37 | 0.27 | 0.94 | 0.23 | 0.37 | 0.63 |
| 玉米 Corn (8.48%) | 8.48 | 0.24 | 0.17 | 0.35 | 0.35 | 0.06 | 0.39 | 0.74 | 0.4 | 0.29 | 1.01 | 0.25 | 0.4 | 0.69 |
| 高赖氨酸玉米 Corn high lysine | 8.26 | 0.35 | 0.15 | 0.33 | 0.34 | 0.11 | 0.51 | 0.82 | 0.45 | 0.26 | 0.73 | 0.31 | 0.34 | 0.57 |
| 高油玉米 Corn high oil | 8.21 | 0.26 | 0.18 | 0.39 | 0.31 | 0.07 | 0.40 | 0.79 | 0.41 | 0.32 | 1.03 | 0.27 | 0.42 | 0.71 |
| 热处理过的玉米 Corn pre-cooked | 7.61 | 0.23 | 0.16 | 0.33 | 0.32 | 0.06 | 0.37 | 0.69 | 0.37 | 0.27 | 0.94 | 0.23 | 0.37 | 0.63 |

摘自:Brazilian Tables for Poultry and Swine: Composition of Feedstuffs and Nutritional Requirements(2011)P56-57,表 2-10-3 及表 2-10-4 同。

## 3. 家禽用玉米的真可消化氨基酸

表 2-10-3　家禽用玉米的真可消化氨基酸含量及消化率(%,饲喂基础)

| 营养成分 Nutrient | 含量及消化率 | 赖氨酸 Lys | 蛋氨酸 Met | 蛋氨酸+胱氨酸 Met +Cys | 苏氨酸 Thr | 色氨酸 Trp | 精氨酸 Arg | 甘氨酸+丝氨酸 Gly +Ser | 缬氨酸 Val | 异亮氨酸 Ile | 亮氨酸 Leu | 组氨酸 His | 苯丙氨酸 Phe | 苯丙氨酸+酪氨酸 Phe+Tyr |
|---|---|---|---|---|---|---|---|---|---|---|---|---|---|---|
| 玉米 Corn (7.29%) | Value* | 0.18 | 0.14 | 0.27 | 0.24 | 0.05 | 0.32 | 0.57 | 0.30 | 0.22 | 0.83 | 0.20 | 0.30 | 0.52 |
| | Coef. ** | 85.3 | 92.9 | 89.9 | 83.7 | 89.5 | 91.7 | 87.3 | 87.7 | 90.8 | 94.9 | 92.3 | 91.7 | 91.7 |
| 玉米 Corn (7.88%) | Value* | 0.19 | 0.15 | 0.29 | 0.27 | 0.05 | 0.34 | 0.60 | 0.33 | 0.24 | 0.90 | 0.21 | 0.34 | 0.58 |
| | Coef. ** | 85.3 | 92.9 | 90.0 | 83.7 | 89.5 | 91.7 | 87.3 | 87.7 | 90.8 | 94.9 | 92.3 | 91.7 | 91.7 |
| 玉米 Corn (8.48%) | Value* | 0.20 | 0.16 | 0.32 | 0.29 | 0.06 | 0.36 | 0.64 | 0.35 | 0.27 | 0.96 | 0.23 | 0.37 | 0.63 |
| | Coef. ** | 85.3 | 92.9 | 90.0 | 83.7 | 89.5 | 91.7 | 87.3 | 87.7 | 90.8 | 94.9 | 92.3 | 91.7 | 91.7 |

续表 2-10-3

| 营养成分 Nutrient | 含量及消化率 | 赖氨酸 Lys | 蛋氨酸 Met | 蛋氨酸+胱氨酸 Met +Cys | 苏氨酸 Thr | 色氨酸 Trp | 精氨酸 Arg | 甘氨酸+丝氨酸 Gly +Ser | 缬氨酸 Val | 异亮氨酸 Ile | 亮氨酸 Leu | 组氨酸 His | 苯丙氨酸 Phe | 苯丙氨酸+酪氨酸 Phe+Tyr |
|---|---|---|---|---|---|---|---|---|---|---|---|---|---|---|
| 高赖氨酸玉米 Corn high lysine | Value* | 0.30 | 0.13 | 0.28 | 0.26 | 0.1 | 0.47 | 0.72 | 0.38 | 0.22 | 0.66 | 0.29 | 0.30 | 0.51 |
| | Coef. ** | 86.4 | 89.9 | 86.0 | 77.8 | 90.9 | 92.2 | 87.3 | 85.4 | 84.6 | 90.9 | 95.1 | 91.0 | 90.2 |
| 高油玉米 Corn high oil | Value* | 0.21 | 0.16 | 0.34 | 0.27 | 0.06 | 0.37 | 0.69 | 0.34 | 0.27 | 0.95 | 0.25 | 0.37 | 0.65 |
| | Coef. ** | 81.8 | 91.4 | 86.7 | 87.4 | 81.5 | 93.3 | 87.2 | 82.6 | 84.7 | 92.1 | 91.4 | 88.1 | 91.7 |
| 热处理过的玉米 Corn pre-cooked | Value* | 0.19 | 0.15 | 0.29 | 0.27 | 0.05 | 0.34 | 0.60 | 0.33 | 0.24 | 0.90 | 0.21 | 0.34 | 0.57 |
| | Coef. ** | 85.3 | 92.9 | 90.0 | 83.7 | 89.5 | 91.7 | 87.3 | 87.7 | 90.8 | 94.9 | 92.3 | 91.7 | 91.7 |

注:* 真可消化氨基酸含量 True Digestible Amino Acid Content; ** 消化率 Digestibility Coefficient。下同。

### 4. 猪用玉米的真可消化氨基酸

表 2-10-4 猪用玉米的真可消化氨基酸含量及消化率(%,饲喂基础)

| 营养成分 Nutrient | 含量及消化率 | 赖氨酸 Lys | 蛋氨酸 Met | 蛋氨酸+胱氨酸 Met +Cys | 苏氨酸 Thr | 色氨酸 Trp | 精氨酸 Arg | 缬氨酸 Val | 异亮氨酸 Ile | 亮氨酸 Leu | 组氨酸 His | 苯丙氨酸 Phe | 苯丙氨酸+酪氨酸 Phe+Tyr |
|---|---|---|---|---|---|---|---|---|---|---|---|---|---|
| 玉米 Corn (7.29%) | Value* | 0.17 | 0.13 | 0.27 | 0.23 | 0.04 | 0.32 | 0.30 | 0.21 | 0.81 | 0.19 | 0.30 | 0.51 |
| | Coef. ** | 79.8 | 89.2 | 87.7 | 81.4 | 80.8 | 91.4 | 86.7 | 87.3 | 92.5 | 89.0 | 90.9 | 90.1 |
| 玉米 Corn (7.88%) | Value* | 0.18 | 0.14 | 0.29 | 0.26 | 0.05 | 0.34 | 0.32 | 0.23 | 0.87 | 0.21 | 0.33 | 0.57 |
| | Coef. ** | 79.8 | 89.2 | 87.7 | 81.4 | 80.8 | 91.4 | 86.7 | 87.3 | 92.5 | 89.0 | 90.9 | 90.1 |
| 玉米 Corn (8.48%) | Value* | 0.19 | 0.15 | 0.31 | 0.28 | 0.05 | 0.36 | 0.35 | 0.26 | 0.94 | 0.22 | 0.37 | 0.62 |
| | Coef. ** | 79.8 | 89.2 | 87.7 | 81.4 | 80.8 | 91.4 | 86.7 | 87.3 | 92.5 | 89.0 | 90.9 | 90.1 |
| 高赖氨酸玉米 Corn high lysine | Value* | 0.27 | 0.14 | 0.30 | 0.27 | 0.09 | 0.47 | 0.38 | 0.22 | 0.67 | 0.28 | 0.31 | 0.50 |
| | Coef. ** | 78.4 | 93.8 | 91.4 | 80.0 | 81.8 | 92.9 | 86.4 | 84.6 | 92.2 | 90.0 | 91.7 | 88.9 |
| 高油玉米 Corn high oil | Value* | 0.21 | 0.14 | 0.35 | 0.26 | 0.06 | 0.37 | 0.36 | 0.28 | 0.90 | 0.24 | 0.38 | 0.64 |
| | Coef. ** | 79.8 | 76.9 | 88.9 | 84.2 | 82.8 | 91.4 | 86.7 | 87.8 | 87.1 | 89.0 | 90.9 | 90.1 |
| 热处理过的玉米 Corn pre-cooked | Value* | 0.20 | 0.14 | 0.30 | 0.27 | 0.05 | 0.34 | 0.33 | 0.24 | 0.85 | 0.21 | 0.34 | 0.55 |
| | Coef. ** | 87.4 | 90.9 | 90.4 | 85.1 | 86.6 | 93.1 | 88.7 | 89.9 | 90.2 | 90.1 | 91.4 | 87.7 |

### 5. 钙磷含量

表 2-10-5 钙磷含量(%,饲喂基础)

| 饲料原料 | 钙 Ca | 总磷 PT | 植酸磷 Pphy | 有效磷 Pav | 磷真消化率 P True Digestibility | | | |
|---|---|---|---|---|---|---|---|---|
| | | | | | 鸡 Poultry | | 猪 Swine | |
| | | | | | 值 Value | 消化率 Coef | 值 Value | 消化率 Coef |
| 玉米 Corn (7.88%) | 0.03 | 0.25 | 0.19 | 0.06 | 0.10 | 40.8 | 0.11 | 44.0 |
| 赖氨酸玉米 Corn high lysine | 0.04 | 0.20 | 0.15 | 0.05 | 0.08 | 40.8 | 0.09 | 44.0 |
| 高油玉米 Corn high oil | 0.02 | 0.27 | 0.20 | 0.07 | 0.11 | 40.8 | 0.12 | 44.0 |
| 热处理过的玉米 Corn pre-cooked | 0.02 | 0.19 | 0.16 | 0.03 | 0.08 | 40.8 | 0.08 | 44.0 |

注:PT=Total Phosphorus,总磷;Pphy=Phytic Phosphorus,植酸磷;Pav=PT−Pphy =Available Phosphorus(有效磷)。

摘自:Brazilian Tables for Poultry and Swine: Composition of Feedstuffs and Nutritional Requirements(2011)P74。

### 6. 微量元素含量

表 2-10-6 微量元素含量(饲喂基础)

| 饲料原料 | 镁 Mg (%) | 锰 Mn (mg/kg) | 铁 Fe (mg/kg) | 铜 Cu (mg/kg) | 锌 Zn (mg/kg) | 硒 Se (mg/kg) | 硫 S (g/kg) |
|---|---|---|---|---|---|---|---|
| 玉米 Corn | 0.09 | 5.3 | 23.5 | 2.1 | 21.5 | 0.07 | 5.30 |
| 赖氨酸玉米 Corn high lysine | 0.05 | 10.3 | 53.4 | 2.6 | 17.6 | 0.05 | — |
| 高油玉米 Corn high oil | 0.10 | 4.3 | 93.0 | 3.0 | 21.5 | 0.19 | — |
| 热处理过的玉米 Corn pre-cooked | 0.04 | 11.4 | 43.9 | 2.7 | 26.5 | 0.16 | — |

摘自:Brazilian Tables for Poultry and Swine: Composition of Feedstuffs and Nutritional Requirements(2011)P79。

### 7. 饲料原料中粗蛋白质、钙、磷的含量变异范围(数据来源于 Brazilian Tables,2005)

**表 2-10-7 饲料原料中粗蛋白质、钙、磷的含量变异范围(饲喂基础)**

| 饲料原料 | 粗蛋白质 CP | | | 钙 Ca | | | 磷 P | | |
|---|---|---|---|---|---|---|---|---|---|
| | 平均值 Mean% | 标准差 SD% | 样本数 *n* | 平均值 Mean% | 标准差 SD% | 样本数 *n* | 平均值 Mean% | 标准差 SD% | 样本数 *n* |
| 玉米 Corn | 8.26 | 0.90 | 1493 | 0.03 | 0.03 | 252 | 0.24 | 0.05 | 233 |

摘自:Brazilian Tables for Poultry and Swine: Composition of Feedstuffs and Nutritional Requirements(2011)P92。

### 8. 饲料原料中赖氨酸、蛋氨酸+胱氨酸、苏氨酸的含量变异范围(数据来源于 Brazilian Tables,2005)

**表 2-10-8 饲料原料中赖氨酸、蛋氨酸+胱氨酸、苏氨酸的含量变异范围(饲喂基础)**

| 饲料原料 | 赖氨酸 Lys | | | 蛋氨酸+胱氨酸 Met+Cys | | | 苏氨酸 Thr | | |
|---|---|---|---|---|---|---|---|---|---|
| | 平均值 Mean(%) | 标准差 SD(%) | 样本数 *n* | 平均值 Mean(%) | 标准差 SD(%) | 样本数 *n* | 平均值 Mean(%) | 标准差 SD(%) | 样本数 *n* |
| 玉米 Corn | 0.24 | 0.045 | 1234 | 0.36 | 0.038 | 1214 | 0.32 | 0.043 | 1198 |

摘自:Brazilian Tables for Poultry and Swine: Composition of Feedstuffs and Nutritional Requirements(2011)P93。

# 参考文献

[1] 中国饲料数据库情报网中心. 1990—2015. 中国饲料成分及营养价值表第 1～26 版[J]. 中国饲料.

[2] 杜伦,滕久有,戎易,等. 1958. 华北区饲料的营养价值[J]. 中国畜牧学杂志,(3): 162-170.

[3] 中国农业科学院畜牧研究所. 1959. 国产饲料营养成分含量表(第一册)[M]. 北京:农业出版社.

[4] 中国农业科学院畜牧研究所,中国动物营养研究会. 1985. 中国饲料成分及营养价值表[M]. 北京:农业出版社.

[5] 中国农业科学院畜牧研究所. 1989. 科研档案. 75-5-5-1 饲料标准及其监测技术,75-5-5-5 中国饲料数据库. "七五"饲料数据卡《玉米》. 分类号:4-07. 文件柜号:78.《饲料数据库"七五"-2》,顺序号 67.

[6] 郑长义. 1983. 饲料图鉴与品质管制[M]. 台北:华香园出版社.

[7] (德国)Oskar Johann Kellner(凯尔纳). 家畜饲养用诸表(增订本)[M]. 泽村真,译(1943). 东京:东京成美堂.

[8] (德国)Oskar Johann Kellner(凯尔纳). 1908. 农畜饲养学[M]. 崔廷瓒,刘运筹,译(1935). 上海:商务印书馆.

[9] (德国)M. Beyer, A. Chudy, Habil. L. Hoffmann, et al. 2003. 德国罗斯托克饲料评价体系[M]. 赵广永,译(2008). 北京:中国农业大学出版社.

[10] (法国)Daniel Sauvant, Jean-Marc Perez, Gilles Tran. 2002. 饲料成分与营养价值表[M]. 谯仕彦,王旭,王德辉,译(2005). 北京:中国农业大学出版社.

[11] (法国一日本)AFZ, Ajinomoto Eurolysine, Aventis Animal Nutrition, INRA, ITCF, 2000. AmiPig, Ileal Standardised Digestibility of Amino Acids in Feedstuffs for Pigs. Paris: French Association for Animal production.

[12] (荷兰)CVB Table Pigs. 2007. Chemical Composition and Nutritional Values of Feedstuffs and Feeding Standards. CVB series no 36, The Hague, The Netherlands.

[13] (苏联)M. Ф. 托迈,O. И. 克沙福浦罗,H. M. 赛迈陀夫斯卡娅,等. 1953. 饲料消化性[M]. 马承融,耿宁芬,濮成德,等译(1960). 南京:江苏人民出版社.

[14] (苏联)И. C. 波波夫. 饲养标准和饲料表[M]. 董景实,庄庆士,译(1956). 北京:农业出版社.

[15] (苏联)A. П. 克拉什尼科夫,等. 1985. 苏联家畜饲养标准和日粮[M]. 颜礼复,译,周梅卿,校. 1990. 北京:中国农业科学技术出版社.

[16] (美国)Burch Hart Schneider. 1947. Feeds of the World—Their Digestibility and Composition [M]. Morgantown: West Virginia University.

[17] (美国)Feedstuffs Ingredient Analysis Table[J]. Feedstuffs 1980—2016 Edition(无 1985、1986、1988、1996).

[18] (美国)National Research Council. 1994. Nutrient Requirements of Poultry[M]. Washington, D. C.: National Academy Press.

[19] (美国)National Research Council. 1998. Nutrient Requirements of Swine[M]. Washington, D. C.: National Academy Press.

[20] (美国)National Research Council. 2012. Nutrient Requirements of Swine[M]. Washington, D. C.: National Academy Press.

[21] (美国)National Research Council. 2000. Nutrient Requirements of Beef Cattle. Update 2000 [M]. Washington, D. C.: National Academy Press.

[22] (美国)National Research Council. 2001. Nutrient Requirements of Dairy Cattle[M]. Washing-

ton,D. C. :National Academy Press.

[23] (美国一加拿大)杨诗兴,彭大惠,编译. 1981. 国外家畜饲养与营养资料选编[M]. 北京:农业出版社. //National Research Council,United States and Department of Agriculture,Canada. 1971. Atlas of Nutritional Data on United States and Canadian Feeds.

[24] (美国一加拿大)National Research Council. 1982. United States-Canadian Tables of Feed Composition[M]. Washington,D. C. :National Academy Press.

[25] (日本)斋藤道雄. 铃木梅太郎立案监修. 1948. 农艺化学全书第12册,饲料学(上卷)[M]. 东京:东京朝仓书店.

[26] (日本)日本农林水产省农林水产技术会议事务局. 1987. 日本标准饲料成分表[M]. 东京:中央畜产会.

[27] (日本)日本农林水产省农林水产技术会议事务局. 1995. 日本标准饲料成分表[M]. 东京:中央畜产会.

[28] (日本)日本农业·食品产业技术综合研究机构. 2009. 日本标准饲料成分表[M]. 中央畜产会.

[29] (韩国)IN K. Han,YUN H. Chiang,L. E. Harris,et al. 1982. Korean Tables of Feed Composition[M]. Logan:International Feedstuffs Institute.

[30] (韩国)薛东摄(发行人),姜泰洪(编辑人). 1988. 韩国标准饲料成分表(Composition of Korean Feedstuffs)[M]. 农村振兴厅畜产试验场.

[31] (澳大利亚)Standing Committee on Agriculture,Pig Subcommittee. 1987. Feeding Standards for Australian livestock (Pigs)[M]. CSIRO Publications.

[32] (巴西)Horacio Santiago Rostagno,Luiz Fernando Teixeira Albino,Juarez Lopes Donzele,et al. Brazilian Tables for Poultry and Swine: Composition of Feedstuffs and Nutritional Requirements, 3rd Edition[M]. Translated by Bettina Gertum Becker. 2011. Viçosa: UFV-DZO.

**以上部分资料可供互联网下载的网址:**

[1]中国饲料数据库情报网中心. 2013. 中国饲料成分及营养价值表第24版. http://www.chinafeeddata.org.cn/.

[11](法国一日本)AFZ,Ajinomoto Eurolysin,Aventis Animal Nutrition,INRA,ITCF,2000. AmiPig, Ileal standardised digestibility of amino acids in feedstuffs for pigs. http://www.feedbase.com/downloads/amipeng.pdf.

[17](美国)Feedstuffs Ingredient Analysis Table. Feedstuffs 2016 Edition. http://feedstuffs.com/mdfm/Feeess50/author/427/2015/11/Feedstuffs_RIBG_Ingredient_Analysis_Table_2016.pdf.

[18](美国)National Research Council. 1994. Nutrient Requirements of Poultry. National Academy Press. http://www.nap.edu/catalog/2114.html(注册后可免费下载).

[21](美国)National Research Council. 2000. Nutrient Requirements of Beef Cattle. Update 2000. National Academy Press. http://www.nap.edu/catalog/9791.html(注册后可免费下载).

[22](美国)National Research Council. 2001. Nutrient Requirements of Dairy Cattle. National Academy Press. http://www.nap.edu/catalog/9825.html(注册后可免费下载).

[24](美国-加拿大)United States-Canadian Tables of Feed Composition. 1982. National Academy Press. http://www.nap.edu/catalog/1713.html(注册后可免费下载).

[32](巴西)Horacio Santiago Rostagno,Luiz Fernando Teixeira Albino,Juarez Lopes Donzele,et al. Brazilian Tables for Poultry and Swine: Composition of Feedstuffs and Nutritional Requirements, 3rd Edition[M]. Translated by Bettina Gertum Becker. 2011. Viçosa: UFV-DZO. http://www.lisina.com.br/arquivos/Geral%20English.pdf.

**部分可补充阅读参考及下载的资料所在网站：**

[1] 饲料数据库(中国农业科学院北京畜牧兽医研究所，中国饲料数据库情报网中心). http://www.chinafeeddata.org.cn.
[2] 美国国家科学院出版社. http://www.nap.edu/.

**其他部分参考书目：**

[1] 张子仪. 2000. 中国饲料学[M]. 北京：中国农业出版社.
[2] 李德发. 2003. 猪的营养[M]. 北京：中国农业科学技术出版社.
[3] 张宏福，张子仪，等. 1998. 动物营养参数与饲养标准[M]. 北京：中国农业出版社.
[4] 熊本海. 2013. 国际反刍动物饲料成分及营养价值表[M]. 北京：中国农业科学技术出版社.
[5] 美国国家科学院科学研究委员会. 1998. 猪营养需要[M]. 10 版. 谯仕彦，郑春田，蒋建阳，等译. 北京：中国农业大学出版社.
[6] 美国国家科学院科学研究委员会. 2002. 奶牛营养需要[M]. 孟庆祥，译. 北京：中国农业大学出版社.
[7] 美国国家科学院科学研究委员会. 2014. 猪营养需要[M]. 11 版. 印遇龙，等译. 北京：科学出版社.
[8] 冯仰廉，陆治年. 2007. 奶牛营养需要和饲料成分[M]. 北京：中国农业出版社.
[9] 吴常信，闫汉平. 2006. 英汉畜牧词典[M]. 北京：中国农业出版社.
[10]《英汉农业大词典》编纂委员会. 1998. 英汉农业大词典[M]. 北京：中国农业出版社.